Heidelberger Taschenbücher 85

Sammlung Informatik
Herausgegeben von F. L. Bauer und M. Paul

Winfried Hahn

Elektronik-Praktikum für Informatiker

Mit 177 Abbildungen

Springer-Verlag
Berlin Heidelberg New York 1971

Dr.-Ing. Winfried Hahn
Leiter des Rechenzentrums der Technischen Universität München

ISBN-13:978-3-540-05364-4   e-ISBN-13:978-3-642-65164-9
DOI: 10.1007/978-3-642-65164-9

Das Werk ist urheberrechtlich geschützt. Die dadurch begründeten Rechte, insbesondere die der Übersetzung, des Nachdruckes, der Entnahme von Abbildungen, der Funksendung, der Wiedergabe auf photomechanischem oder ähnlichem Wege und der Speicherung in Datenverarbeitungsanlagen bleiben, auch bei nur auszugsweiser Verwertung, vorbehalten. Bei Vervielfältigungen für gewerbliche Zwecke ist gemäß § 54 UrhG eine Vergütung an den Verlag zu zahlen, deren Höhe mit dem Verlag zu vereinbaren ist. © by Springer-Verlag Berlin · Heidelberg 1971. Library of Congress Catalog Card Number 74-150570.   Die Wiedergabe von Gebrauchsnamen, Handelsnamen, Warenbezeichnungen usw. in diesem Werk berechtigt auch ohne besondere Kennzeichnung nicht zu der Annahme, daß solche Namen im Sinne der Warenzeichen- und Markenschutz-Gesetzgebung als frei zu betrachten wären und daher von jedermann benutzt werden dürften. Gesamtherstellung: Julius Beltz, Hemsbach/Bergstraße.

Vorwort

Dieses Elektronik-Praktikum wurde an der TU München im Wintersemester 1968/69 für einige interessierte Studierende der Informatik zum erstenmal abgehalten. Die ersten Erfahrungen zeigten bereits, daß bei der Darstellung des Stoffes der einleitenden Aufgaben auf die unterschiedliche naturwissenschaftliche Vorbildung der Studierenden Rücksicht genommen werden muß. Hilfreich war dabei die auf einfachsten Vorkenntnissen basierende Aufsatzreihe [1] der Orbit-Hefte. Für die weiteren Aufgaben konnten dann auch mehr fachlich orientierte Bücher [6], [8] herangezogen werden. Aufbauend auf den gemachten Erfahrungen konnte das Elektronik-Praktikum dann im Sommersemester 1969 dank der Unterstützung durch die Herren Professoren Dr. F. L. Bauer und Dr. P. Kienle unter die Lehrveranstaltungen des Studienzweiges Informatik aufgenommen werden.

Bei der Durchführung des Elektronik-Praktikums hat sich gezeigt, daß auch technisch nicht vorgebildete Studierende den selbständigen Umgang mit zum Teil komplizierten Meßgeräten schnell erlernen, so daß sich eine Praktikumsbetreuung nach der bei den ersten Messungen noch oft notwendigen Überprüfung des Schaltungsaufbaues später im wesentlichen auf eine Kontrolle der Oszillographenmessungen beschränken kann. Deshalb ist für die Zukunft vorgesehen, durch den Kauf von Sampling-Oszillographen mit anschließbaren Kurvenschreibern eine Dokumentation aller Oszillogramme und dadurch eine selbständige Oszillogrammauswertung aufgrund eingetragener Zeit- und Spannungsmaßstäbe auch nach Abschluß der Messungen zu ermöglichen.

München, im Frühjahr 1971   W. Hahn

Inhaltsverzeichnis

Einleitung 1

Einführende Aufgaben über die physikalische Wirkungsweise der Halbleiter-Bauelemente elektronischer Rechenanlagen

1 Halbleiter-Diode 3
   1.1 Allgemeine Grundlagen 3
   1.2 Messungen 11
   1.3 Auswertung der Messungen 13

2 Transistor 15
   2.1 Allgemeine Grundlagen 15
   2.2 Messungen 21
   2.3 Auswertung 23

3 Feldeffekt-Transistoren 26
   3.1 Allgemeine Grundlagen 26
   3.2 Messungen 29
   3.3 Auswertung 31

4 Transistor als Verstärker 36
   4.1 Allgemeine Grundlagen 36
   4.2 Messungen 40
   4.3 Auswertung 42

5 Transistor als elektronischer Schalter 47
   5.1 Allgemeine Grundlagen 47
   5.2 Messungen 51
   5.3 Auswertung 53

Einführende Aufgaben über Schaltkreistechniken zum
Aufbau logischer Verknüpfungen

6 Integrierte Transistor-Schaltkreise 57
   6.1 Allgemeine Grundlagen 57
   6.2 Messungen 69
   6.3 Auswertung 74

7 Integrierte MOS-Feldeffekttransistor-Schaltkreise 76
   7.1 Allgemeine Grundlagen 76
   7.2 Messungen 81
   7.3 Auswertung 84

8 Schaltnetze 86
   8.1 Allgemeine Grundlagen 86
   8.2 Messungen 88
   8.3 Auswertung 98

Einführende Aufgaben über Speicherschaltkreise und
speichernde Materialien

9 Transistor-Flipflop 103
   9.1 Allgemeine Grundlagen 103
   9.2 Messungen 105
   9.3 Auswertung 108

10 Tunneldiode 113
   1o.1 Allgemeine Grundlagen 113
   10.2 Messungen 116
   10.3 Auswertung 118

11 Ferritkern 121
   11.1 Allgemeine Grundlagen 121
   11.2 Messungen 125
   11.3 Auswertung 128

Literaturverzeichnis 132
Sachverzeichnis 133

Einleitung

Ein Elektronik-Praktikum soll Studierenden der Informatik durch experimentelles Arbeiten eine Einführung in die Wirkungsweise der Grundbausteine digitaler, elektronischer Rechenanlagen geben. Dementsprechend erläutert die erste Gruppe von Aufgaben die Wirkungsweise der Halbleiter-Bauelemente Dioden, Transistoren und Feldeffekttransistoren. Das Schwergewicht liegt dabei auf dem Erarbeiten und Auswerten von Kennlinien, mit denen das Verhalten dieser Bauelemente in Schaltungen erklärt und verstanden werden kann. Derartige Schaltungen, die der Realisierung logischer Verknüpfungen dienen, werden in einer zweiten Aufgabengruppe im Hinblick auf wichtige Parameter wie Schaltzeiten, maximal erreichbare Taktfrequenzen, Störsicherheit und Leistungsverbrauch untersucht. Dabei werden vergleichende Aussagen über die heute industriell entwickelten Schaltkreistechniken erarbeitet. In einer dritten Aufgabengruppe werden schließlich Schaltungen und Materialien mit Speicherverhalten - Flipflop, Tunneldiode und Ferritkern - untersucht.

Da sich dieses Praktikum nicht in erster Linie an Studierende der Elektrotechnik wendet, beginnt jede Aufgabe mit einer kurzen und möglichst einfachen Erläuterung der physikalischen oder technischen Grundlagen, um das Verständnis der Messungen und Ergebnisse, im folgenden kursiv gesetzt, zu erleichtern. Ausführliche Erklärungen müssen jedoch der einschlägigen Fachliteratur überlassen bleiben.

Ebenso ist es nicht Aufgabe dieses Praktikums, bei den Messungen über das jeweilige Meßobjekt exakte Daten, sondern nach Möglichkeit typische, verallgemeinerungsfähige Werte zu erhalten. Diese Aufgabenstellung gibt zudem die Möglichkeit, überwiegend mit Meßgeräten geringerer Genauigkeit auskommen zu können. So muß unter den maximal 3 benötigten Strom- bzw. Spannungsmeßinstrumenten lediglich ein hochwertiges Vielfachinstrument eingesetzt werden. Um den Meßfehler dennoch klein zu halten, ist in allen Meßschaltungen die hierfür notwendige Instrumentenverteilung durch die Bezeichnungen "mA", "V" bzw. "↖" für das Vielfachinstrument vorgegeben. Zudem wurden, um die notwendige Meßgenauigkeit in einfacher Weise zu erhalten, Spannungsquellen als Netzgeräte mit interner Strommessung aufgebaut. Das Strommeßgerät kann dabei extern angeschlossen und zur Messung verwendet werden, ohne daß die Ausgangsspannung des Gerätes vom Innenwiderstand des Meßinstrumentes beeinflußt wird. In den Meßschaltungen ist diese Art der Strommessung durch die Einzeichnung des Instrumentes jenseits der Anschlußklemmen "+" bzw. "-" vorgegeben. Als Oszillographen schließlich sind lediglich für die Aufgaben über integrierte Schaltkreise, Schaltnetze und das Flipflop Geräte hoher Bandbreite, möglichst 70 MHz oder besser, erforderlich. In den übrigen Aufgaben können durch eine geeignete Wahl der Meßobjekte die Anforderungen auf Geräte mit 15 MHz Bandbreite verringert werden.

1 Halbleiter-Diode

1.1 Allgemeine Grundlagen

Atome bestehen aus einem positiv geladenen Kern und einer ihn umgebenden Hülle negativ geladener Elektronen, wobei die Zahl der positiven Kernladungen gleich der Zahl der Elektronen, das Atom also nach außen elektrisch neutral ist. Die Elektronenhülle kann in Schalen gegliedert werden, die mit wachsendem Abstand um den Atomkern angeordnet sind.

Im Gegensatz zu den Elektronen der inneren Schalen mit fester Bindung an den Atomkern sind die Elektronen der äußeren Schale, die "Valenzelektronen", bei metallischen Leitern nur lose gebunden. Beim Anlegen einer elektrischen Spannung lösen sie sich vom Atomkern und ergeben einen Strom durch den Leiter.

Neben den metallischen Leitern existieren Stoffe wie z. B. Selen, Kupferoxyd, Germanium, Silizium etc., die eine stark verringerte Leitfähigkeit besitzen und deshalb als "Halbleiter" bezeichnet werden. Besondere Bedeutung in der Halbleitertechnik haben Germanium und Silizium erlangt. Beide Elemente besitzen in der äußeren Schale ihrer Atome 4 Valenzelektronen, die Bindungen mit Nachbaratomen eingehen können. Ein Kristall baut sich dann, wie Fig. 1.1 zeigt, so auf, daß je zwei Atome durch zwei Valenzelektronen gebunden werden. Die Bindung der Valenzelektronen ist daher sehr stabil; die Leitfähigkeit ist gering. Mit wachsender Temperatur kann als Folge der damit zunehmenden Wärmebewegung der Atome die Bewegungsenergie der Valenzelektronen für eine Überwindung der Bindungskräfte des Atomkerns ausreichend werden, d. h. Valenzelektronen werden frei beweglich. Diese Leitfähigkeit aufgrund der Halbleitertemperatur wird als "Eigenleitung" bezeichnet. Fig. 1.2 zeigt das typische Verhal-

ten des spezifischen Widerstandes (Kehrwert der Leitfähigkeit)
in Abhängigkeit von der Temperatur.

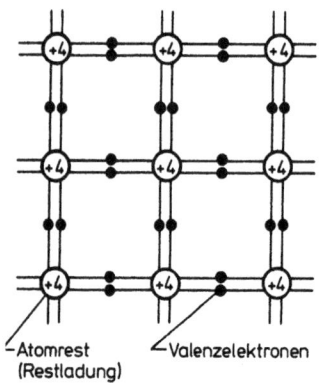

Atomrest (Restladung)
Valenzelektronen

Fig. 1.1
Ebene Darstellung
eines Ge-Atomgitters
Linien:
Bindungskräfte

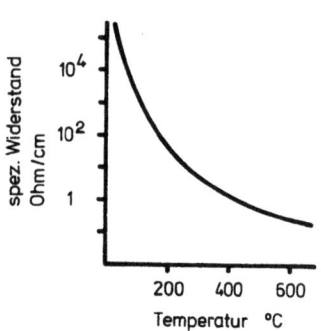

Fig. 1.2
Änderung des spez.
Widerstandes mit der
Temperatur bei
eigenleitendem Silizium

In einem Halbleiter-Atomgitter, das Verunreinigungen enthält, sind die Bindungen nicht überall gleich stabil. An diesen Störstellen können daher Elektronen mit geringerem Energieaufwand aus ihrer Bindung gelöst werden. Diese "Störstellenleitung" wird bei Halbleitern gezielt durch den Einbau von geeigneten Fremdatomen erzeugt. Dotiert man bei der Herstellung eines Germaniumkristalls (Atome mit 4 Valenzelektronen) diesen mit z. B. Arsenatomen mit 5 Valenzelektronen, so werden von diesen 5 Elektronen nur 4 zum Aufbau stabiler Kernbindungen benötigt, und 1 Elektron bleibt frei beweglich. Da die so erzeugte Leitfähigkeit durch negativ geladene Elektronen erfolgt, nennt man einen so dotierten Halbleiter "n-leitend" (Fig. 1.3a).

Verwendet man als Fremdatom z. B. Indium mit nur 3 Valenzelektronen, so fehlt zum Aufbau der stabilen Kernbindungen 1 Elektron. Man bezeichnet dies als ein "Loch" in der Elektronenanordnung. Infolge der Wärmebewegung der Atome kann aber ein Elektron eines Nachbaratoms in dieses Loch wandern. Löcher können daher ebenfalls eine Beweglichkeit der Elektronen be-

deuten. Nach außen wirkt diese Leitfähigkeit so, als ob positiv
geladene Löcher (Fehlen einer negativen Ladung) durch den Stoff
wandern. Einen so dotierten Halbleiter nennt man daher
"p-leitend" (Fig. 1.3b).

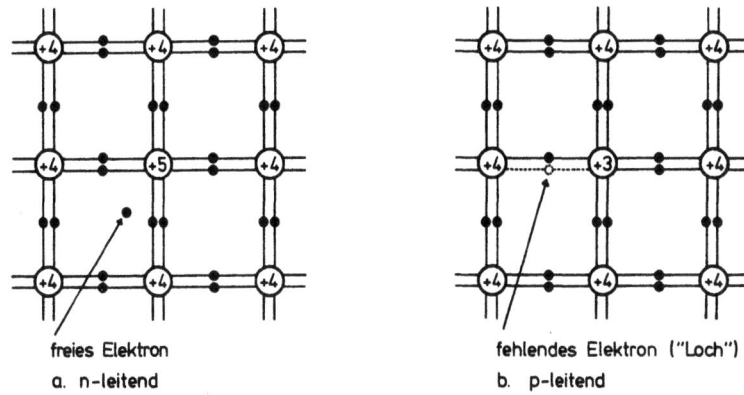

a. n-leitend   b. p-leitend

Fig. 1.3
Ebene Darstellung eines Germanium-Störstellen-
Atomgitters (Linien: Bindungskräfte)

Bei einer Halbleiter-Diode soll die Leitfähigkeit abhängig von
der Stromrichtung werden. In einer Richtung soll der Widerstand sehr klein und in der umgekehrten Richtung hingegen
möglichst groß sein. Man erreicht dies durch Kombination eines
Halbleiters mit n-Leitung und eines Halbleiters mit p-Leitung.
Fig. 1.4 zeigt eine schematische Darstellung der Ladungsverteilung in getrennten p- und n-Halbleitern. Fig. 1.5 zeigt die
Ladungsverteilung nach der Verbindung eines p-Halbleiters mit
einem n-Halbleiter. Im p-Gebiet ist die Konzentration der
Löcher groß und im n-Gebiet niedrig. Es werden daher Löcher
vom p-Gebiet in das n-Gebiet eindringen. Entsprechend dringen
Elektronen aus dem Überschuß-n-Gebiet in das p-Gebiet ein.
Das p-Gebiet ist dadurch nicht mehr elektrisch neutral, denn
es hat mehr negative als positive Ladungen, da es einige Löcher
verloren hat. Es entsteht so am Übergang ein Raumladungsgebiet,
das durch Anlegen einer äußeren Spannung vergrößert (Sperrrichtung) oder zum Verschwinden (Durchlaßrichtung) gebracht
werden kann. Dies zeigen Fig. 1.6 und 1.7.

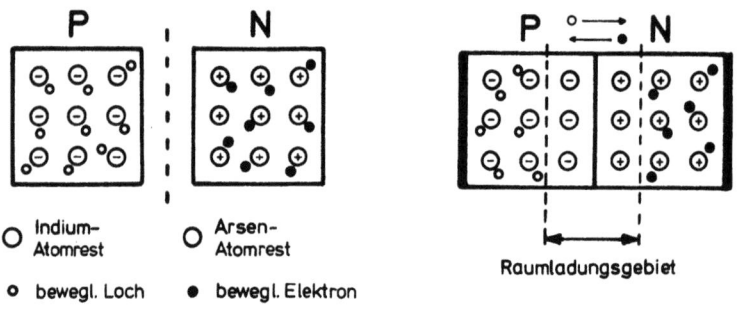

○ Indium-Atomrest   ○ Arsen-Atomrest

o bewegl. Loch   • bewegl. Elektron

− bzw. + Ladung gegenüber Ge-Atomrest

Fig. 1.4
Ladungen in getrennten Materialien vom p- bzw. n-Typ

Fig. 1.5
Ladungen im p-n-Übergang ohne außen anliegende Spannung

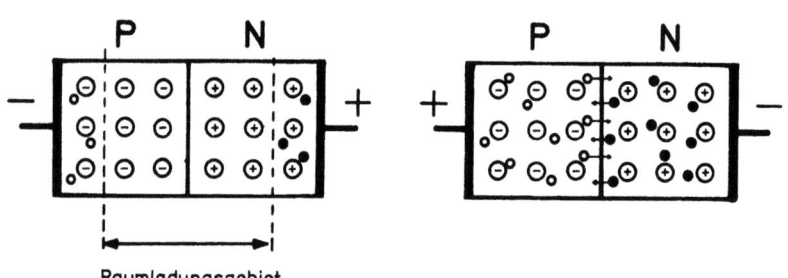

Fig. 1.6
Ladungen im p-n-Übergang mit in Sperrichtung anliegender äußerer Spannung

Fig. 1.7
Ladungen im p-n-Übergang mit in Durchlaßrichtung anliegender äußerer Spannung

Fig. 1.8 zeigt ein typisches Strom-Spannungsdiagramm eines p-n-Überganges. Wird die Spannung in der Durchlaßrichtung von Null an erhöht, dann fließt zunächst nur ein kleiner Strom, bis das Raumladungsgebiet verschwunden ist. Danach steigt der Strom bei weiterer Spannungssteigerung rasch an, d. h., der Widerstand in Durchlaßrichtung ist niedrig. In Sperrichtung bleibt der Sperrstrom konstant auf einem extrem niedrigen Wert, obwohl die Spannung zunimmt, d. h., die Leitfähigkeit in Sperrichtung steigt erst an, wenn die Spannungsfestigkeit des

Stoffes erreicht ist. Diese Spannung nennt man die "Durchbruchspannung". Das Verhalten elektronischer Bauelemente, z. B. einer Halbleiterdiode, kann durch diese Kennlinien, die den Zusammenhang zwischen Strom und Spannung graphisch dar-

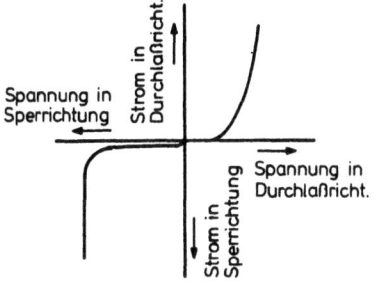

Fig. 1.8
Elektrische Eigenschaften
des p-n-Überganges
(verkürzter Maßstab in
Sperrichtung)

stellen, beschrieben werden. Am Beispiel einer einfachen Schaltung (Fig. 1.9) soll die Bedeutung solcher Kennlinien kurz erläutert werden. Durch die Reihenschaltung von Widerstand und Diode wird bei angelegter Spannung U_B ein Strom I fließen. Nach dem Kirchhoffschen Gesetz muß dabei $I_R = I_D = I$ sein. Für den Widerstand gilt das Ohmsche Gesetz, nach dem $I_R = U_R/R$ ist. Ein solch einfacher Zusammenhang gilt jedoch zwischen I_D und U_D nicht. Es gilt allgemein $I_D = f_1(U_D)$, wobei die Funktion f_1 durch Messung bestimmt und graphisch dargestellt wird. Der Einfluß des Widerstandes R kann in einer Schaltung nach Fig. 1.10 überdacht werden, in der die Diode durch einen variablen Widerstand R' ersetzt wird. Am Widerstand R' liegt die Spannung $U_{R'}$.

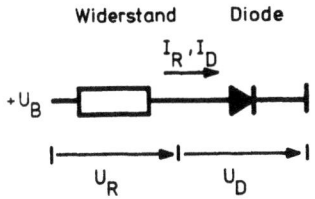

Fig. 1.9
Reihenschaltung
eines Widerstandes
und einer
Halbleiter-Diode

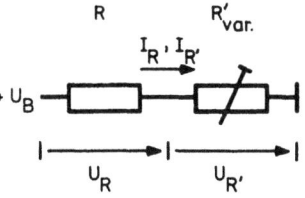

Fig. 1.10
Reihenschaltung
eines festen und
eines variablen
Widerstandes

Der in der Schaltung fließende Strom I ist $I=U_B/(R+R')$. Wird der Widerstand R' kurzgeschlossen, so fließt ein Strom $I_K=U_B/R$. Der Strom I_K wird somit durch die Schaltungskonstanten U_B und R festgelegt. Ist jedoch R' = ∞, so ist der Strom $I=U_B/(R+R')=0$, d. h., durch den Widerstand R fließt kein Strom und folglich ist $U_{R'}=U_B$. Werden beide Zustände in ein Koordinatensystem mit U als Abszisse und I als Ordinate eingetragen (Fig. 1.11), so gilt für eine Gerade durch diese Punkte $P_k(0,I_k)$ und $P_\infty(U_B,0)$: $I=f_2(U)=I_k(1-U/U_B)$.

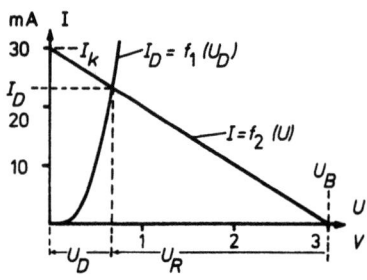

Fig. 1.11
Graphische Ermittlung der Werte U_R, U_D und $I_R = I_D$ der Schaltung in Fig. 1.9

Die beiden Funktionen $f_1(U)$ und $f_2(U)$ bestimmen die sich in Fig. 1.9 einstellenden Spannungen U_R und U_D. Wegen $I=I_R=I_D$ muß gelten $I=f_1(U)=f_2(U)$. Mit U_B= 3 V und I_k= 30 mA als Konstanten der Funktion f_2 und einer Funktion $f_1(U)$= 75 U^3 gelte in einem Beispiel: 75 U^3 = 30 - 10 U. Die graphische Lösung einer solchen Gleichung 3. Grades zeigt Fig. 1.11 als Schnittpunkt der Kurve I = 75 U^3 mit der Geraden I = 30 - 10 U. Als Lösung ergibt sich U_D= 0.68 V und damit $U_R=U_B-U_D$= 2.32 V und I = 23.2 mA. Damit ist das Verhalten der Schaltung in Fig. 1.9 bestimmt.

Das Beispiel hat gezeigt, daß für eine Lösung die Funktion $f_1(U)$, die das Strom-Spannungsverhalten der Diode wiedergibt, bekannt sein muß. Für graphische Lösungen wie im obigen Beispiel genügt es, wenn diese "Diodenkennlinie" graphisch vorliegt.

Die dynamischen Eigenschaften einer Diode, d. h., die Reaktion der Spannung an der Diode und des Diodenstromes auf sprunghafte Änderungen der Betriebsspannung (z. B. U_B in Fig. 1.9), werden von der Größe der Kapazität des p-n-Überganges bestimmt. Eine Kapazität entsteht, wenn zwei Leiter durch einen Nichtleiter getrennt werden. Im Raumladungsgebiet (Fig. 1.5) befinden sich keine beweglichen Träger, der spezifische Widerstand des Gebietes ist sehr hoch. Auf jeder Seite dieses nichtleitenden Gebietes ist ein leitendes mit einer hohen Konzentration an beweglichen Trägern. Diese drei Gebiete bilden die Kapazität des p-n-Überganges. Soll eine Halbleiterdiode als Schalter betrieben werden, so muß beim Einschalten (Strom in Durchlaßrichtung) und beim Ausschalten (Strom in Sperrrichtung) diese Kapazität ab- bzw. aufgebaut werden. Dies wirkt sich so aus, daß beim Einschalten erst ein hoher Strom in das Raumladungsgebiet fließt, der dann auf den Dauerdurchlaßstrom absinkt. Ebenso wird beim Ausschalten erst die im Übergangsgebiet gespeicherte Ladung als Strom abfließen, der nach einiger Zeit auf den Dauersperrstrom absinkt. Fig. 1.12 zeigt diesen Stromverlauf beim Schalten einer Diode.

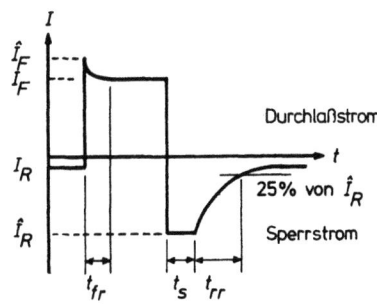

Fig. 1.12
Schaltverhalten einer
Halbleiter-Diode

Kurzzeichen

A	Anode	t	Zeit
C	Kapazität	T	Zeitkonstante
I	Strom allgemein	t_{fr}	Durchlaßerholzeit
$\hat{I}$	Spitzenstrom, allgem.	t_{rr}	Sperrerholzeit
I_F	Strom in Durchlaßricht.	t_s	Speicherzeit
I_R	Strom in Sperrichtung	U	Spannung, allgemein
K	Kathode	$\hat{U}$	Spitzenspannung, allgem.
L	Induktivität	U_B	Betriebsspannung
R	Widerstand	U_F	Durchlaßspannung
R_F	Durchlaßwiderstand	U_R	Sperrspannung
R_R	Sperrwiderstand		

Schaltungssymbole

———	Leitung, allgem.
─┼─	Leitungskreuzung ohne Verbindung
─┿─	Leitungsverbindung
─⌒─	abgeschirmte Leitung
─┤├─	Spannungsquelle
⊥	Nullpotential, Masse
─▭─	Widerstand
─┤├─	Kapazität
─▬─	Induktivität
─▶︎├─	Diode
(mA) (V)	Meßinstrumente mit Angabe der Einheit
⊘	Meßinstrument, allgemein
▢	Oszillograph
─▷─	Verstärker (Die im Leitungszug liegende Spitze markiert den Ausgang)
⊓	negativer Spannungsimpuls
⊔	positiver

1.2 Meßungen

Meßobjekte: 1. Ge-Diode
  2. Si-Diode

1. Ermitteln Sie die Durchlaß-Kennlinie der Diode 1 durch Messung der fehlenden Werte
 U_F = 0.15 0.2 *0.23* *0.32* *0.38* *0.42* V
 I_F = *0.12*[1] *0.48* 1.0 5.0 15.0 30.0 mA
 mit Schaltung 1.1.

2. Ermitteln Sie die Durchlaß-Kennlinie der Diode 2 durch Messung der fehlenden Werte
 U_F = 0.3 0.5 *0.63* *0.67* *0.73* *0.76* *0.78* V
 I_F = *0.006* *0.05* 0.3 1.0 5.0 15.0 30.0 mA
 mit Schaltung 1.1.

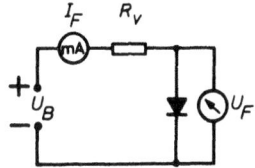

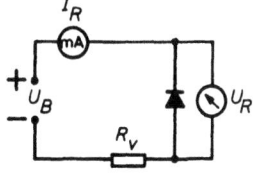

Schaltung 1.1   Schaltung 1.2

3. Ermitteln Sie die Sperrkennlinie der Diode 2 einschließlich des Spannungsdurchbruches durch Messung der fehlenden Werte
 U_R = 1.5 2.5 3.5 *4.5* *4.75* *5.0* *5.1* *5.2* V
 I_R = *0.001* *0.002* *0.01* 0.3 1.0 4.0 10.0 20.0 mA
 mit Schaltung 1.2.

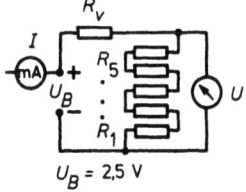

U_B = 2,5 V

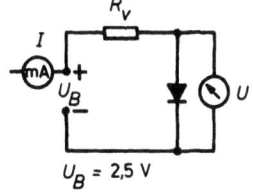

U_B = 2,5 V

Schaltung 1.3[2]   Schaltung 1.4[2]

---
[1] Die kursiv gesetzten Werte sind Meßergebnisse.
[2] Strommessung mit kompensiertem Instrumenteninnenwiderstand.

4. Messen Sie in Schaltung 1.3 die Ausgangsspannung U und den Strom I durch den Widerstand R_v.

   a. ohne Schaltungsveränderung : U = 2.25 V I = 2.6 mA
   b. R_1 kurzgeschlossen : U = 1.98 V I = 5.3 mA
   c. R_1 und R_2 kurzgeschlossen : U = 1.6 V I = 9.3 mA
   d. R_1, R_2 und R_3 kurzgeschlossen : U = 1.0 V I = 14.7 mA
   e. R_1, R_2, R_3 und R_4 kurzgeschlossen : U = 0.43 V I = 20.8 mA
   f. R_1, R_2, R_3, R_4 und R_5 kurzgeschlossen : U = 0 V I = 25 mA

5. Messen Sie in Schaltung 1.4 die Ausgangsspannung U und den Strom I durch den Widerstand R_v in Serie mit der Diode 2.

   $U_F = 0.76$ V $I_F = 17.6$ mA

6. Messen Sie mit einem Oszillographen das dynamische Schaltverhalten der Diode 1 in Schaltung 1.5.

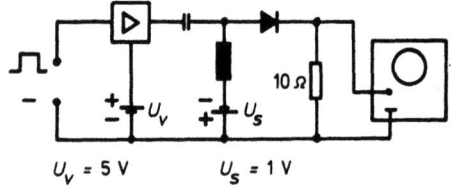

Schaltung 1.5

$U_v = 5$ V $U_s = 1$ V

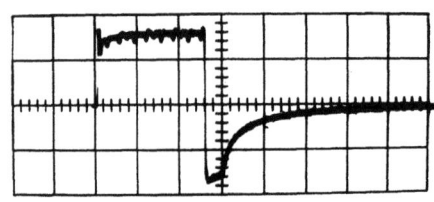

500 ns/cm, 0.5 V/cm

$t_s = 200$ ns $R \times I_F = R \times \hat{I}_R = 0.8$ V
$t_{rr} = 400$ ns $I_F =$ $\hat{I}_R = 80$ mA

1.3 Auswertung der Messungen

1. Zeichnen Sie die Durchlaßkennlinien der Dioden 1 und 2.

2. Zeichnen Sie in dieses Diagramm die sich aus den Meßwerten von 1.2.4 ergebende Widerstandsgerade für R_v.

3. Bestimmen Sie aus den Achsenschnittpunkten die Größe von R_v.

4. Zeichnen Sie in das Kennliniendiagramm auch die Widerstandsgerade für $R'_v = 2 \times R_v$.

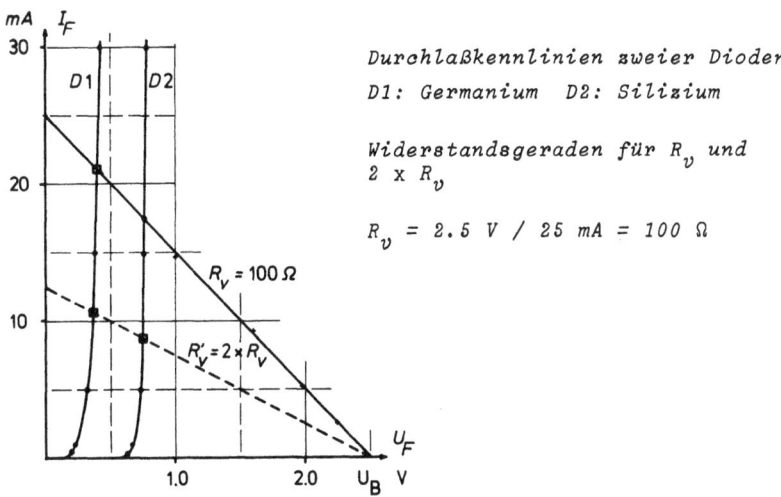

Durchlaßkennlinien zweier Dioden
D1: Germanium D2: Silizium

Widerstandsgeraden für R_v und $2 \times R_v$

$R_v = 2.5\ V\ /\ 25\ mA = 100\ \Omega$

5. Vergleichen Sie die Werte für den Schnittpunkt zwischen der Geraden für R_v und der Kennlinie für D2 mit den Meßwerten aus 1.2.5.

Meßwerte aus 1.2.5 : $U_F = 0.76\ V$, $I_F = 17.6\ mA$

Werte des Schnittpunktes der Geraden für R_v und der Durchlaßkennlinie von D2
$U_F = 0.76\ V$, $I_F = 17.4\ mA$

Die Werte stimmen im Rahmen der Meß- und Zeichengenauigkeit überein. Der Schnittpunkt ist also die graphische Lösung der Meßaufgabe 1.2.5.

6. Welche Werte für U_F und I_F hätten Sie erhalten, wenn Sie für die Messung 1.2.5 die Diode 1 in Serie mit dem Widerstand R_v geschaltet hätten, und

7. welche Werte für U_F und I_F hätten Sie erhalten, wenn Sie für die Messung 1.2.5
   a. die Diode D1
   b. die Diode D2
   in Serie mit dem Widerstand $R'_v = 2 \times R_v$ geschaltet hätten?

   Es hätte sich ergeben:

   für D1 in Serie mit R_v : U_F = 0.4   V, I_F = 21.1 mA
   für D1 in Serie mit R'_v: U_F = 0.36 V, I_F = 10.8 mA
   für D2 in Serie mit R'_v: U_F = 0.745 V, I_F = 8.8 mA

8. Zeichnen Sie die Sperrkennlinie der Diode 2.

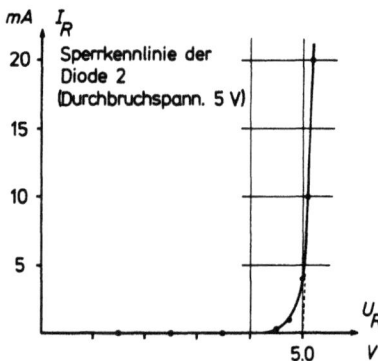

2 Transistor

2.1 Allgemeine Grundlagen

Ein Transistor besteht aus 2 p-n-Übergängen, die zu einem
3-Zonen-Kristall zusammengefügt werden. Die Wirkungsweise eines Transistors ist leicht zu verstehen, wenn man
den Strom in einem in Durchlaßrichtung vorgespannten p-n-
Übergang betrachtet. Ein solcher Übergang (Fig. 2.1a) ist
in Aufgabe 1 (Halbleiter-Dioden) erläutert und mit der Art
des Stromflusses nochmal schematisch dargestellt. Dabei ist
die Konzentration der Ladungsträger (p-Gebiet: Löcher / n-
Gebiet: Elektronen) gleich groß. Als p-n-Übergang eines
Transistors wird eine unsymmetrische Konzentration der Ladungsträger benötigt. Dies zeigt Fig. 2.1b mit einer hohen
Konzentration von Löchern im p-Gebiet und einer niedrigen
Elektronenkonzentration im n-Gebiet. Beim Anlegen einer
Spannung in Durchlaßrichtung werden bei diesem p-n-Übergang
ebenfalls Löcher aus dem p-Gebiet in das n-Gebiet eindringen.
Da die Elektronenkonzentration im n-Gebiet gering ist, werden
jedoch nur wenige Löcher durch freie Elektronen gefüllt werden
- ein Vorgang, der als "Rekombination" bezeichnet wird. Die
Mehrzahl der Löcher wird daher bei einem unsymmetrischen
Übergang nach Fig. 2.1b tiefer in das n-Gebiet eindringen
können als bei einem symmetrischen Übergang nach Fig. 2.1a.
Die Rekombination kann weiter verringert werden, wenn die
beiden Gebiete auch in der Dicke unsymmetrisch werden. Wird
dabei die Dicke des n-Gebietes viel kleiner als die Eindring-
tiefe der Löcher, so gelangen praktisch alle Löcher zur Ausgangselektrode.

Dies ist in Fig. 2.1c schematisch dargestellt. Durch das An-
fügen eines zweiten p-Gebietes an das dünne n-Gebiet erhält

man einen Transistor (Fig. 2.2). Dieser Übergang wird in Sperrrichtung vorgespannt, während der erste Übergang weiter in Durchlaßrichtung vorgespannt bleibt. Im n-Gebiet besteht dann,

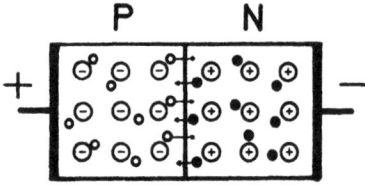

a. Ladungsverteilung und Geometrie symmetrisch

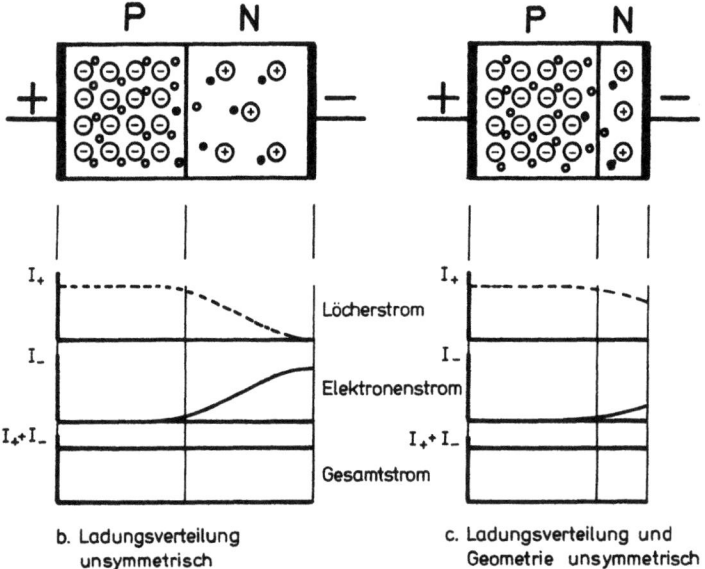

b. Ladungsverteilung unsymmetrisch

c. Ladungsverteilung und Geometrie unsymmetrisch

Fig. 2.1 Ladungsverteilungen in p-n-Übergängen

wie oben gezeigt, der Strom fast völlig aus Löchern, die bis in das Raumladungsgebiet des zweiten, gesperrten p-n-Überganges gelangen. Das elektrische Feld in diesem Raumladungsgebiet beschleunigt die Löcher durch den p-n-Übergang in das zweite p-Gebiet, durch das sie ungehindert (im p-Gebiet sind keine freien Elektronen vorhanden) zur Ausgangselektrode abfließen.

Aus dieser Übertragung positiver Löcher aus dem ersten p-Gebiet durch ein dünnes n-Gebiet und einen in Sperrichtung vorgespannten Übergang in ein zweites p-Gebiet besteht der Transistoreffekt. Die vom n-Gebiet in das p-Gebiet eindringenden und die durch Rekombination als freie Ladungsträger ausscheidenden Elektronen müssen von außen in das n-Gebiet nachgeliefert werden, damit der p-n-Übergang leitend bleibt. Fig. 2.3 zeigt eine typische Transistorkonstruktion. Bei einem "pnp-Typ" - so bezeichnet nach der Reihenfolge der Gebiete - wird das positiv vorgespannte erste p-Gebiet als "Emitter" bezeichnet, weil es Löcher emittiert. Das dünne, beiden Übergängen gemeinsame n-Gebiet bezeichnet man als die "Basis". Das zweite p-

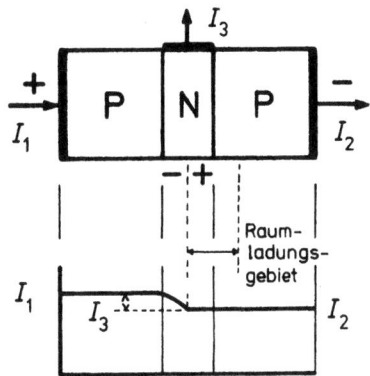

Fig. 2.2
Stromfluß in einem
pnp-Transistor

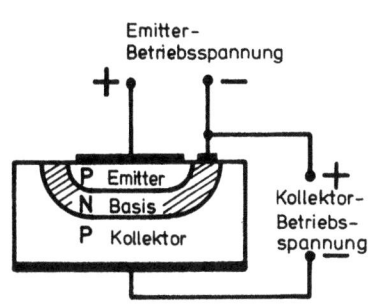

Fig. 2.3
Typischer Transistoraufbau

Gebiet ist der "Kollektor". Es ist negativ vorgespannt, um die Löcher aufzunehmen. Den Übergang zwischen Emitter und Basis bezeichnet man als die "Emitterschicht" und als "Kollektorschicht" den Übergang zwischen Basis und Kollektor.
Der Vollständigkeit halber sei hier erwähnt, daß auch eine Zonenfolge n-p-n mit entgegengesetzten Vorspannungen einen Transistoreffekt ergibt. Er besteht bei einem "npn-Transistor" aus der Übertragung von Elektronen aus einem ersten n-Gebiet durch ein dünnes, wenig Löcher enthaltendes p-Gebiet in ein zweites n-Gebiet. Neben der Zonenfolge zeigt Fig. 2.2 auch die

in einem pnp-Transistor fließenden Ströme (mit I_1 bis I_3 bezeichnet, Pfeil in Bewegungsrichtung der Löcher). Bezeichnet man die Ströme nach den Gebieten, in denen sie fließen, so ist I_1 der "Emitterstrom". Er entspricht dem als Löcher aus dem ersten p-Gebiet abfließenden Strom. I_3 ist der "Basisstrom". Er entspricht den in der Basis durch Rekombination verlorengehenden Löchern. Die Löcher, die den Kollektor erreichen, verlassen ihn als Strom I_2, den "Kollektorstrom".

Aus dem oben gezeigten ergibt sich, daß der Kollektorstrom fast gleich dem Emitterstrom ist. Eine Änderung des Emitterstroms ergibt daher auch eine fast gleiche Änderung des Kollektorstroms. Das Verhältnis des Kollektorstroms I_C zum Emitterstrom I_E wird als Stromübertragungsverhältnis α bezeichnet.

$$\alpha = I_C / I_E$$

In der Praxis lassen sich Werte bis etwa 0.997 für α erreichen.

Die Verstärkungseigenschaft eines Transistors erklärt Fig. 2.4. Die Emittervorspannung U_{BE} sei 0.1 Volt. Mit einem Durchlaß-

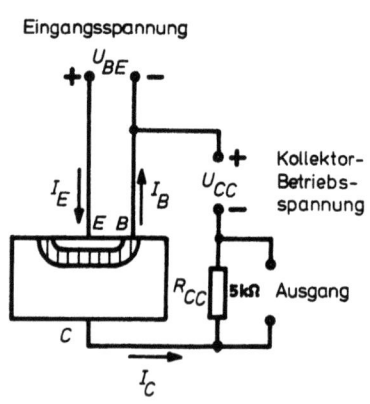

Fig. 2.4
pnp-Transistor als
Verstärker

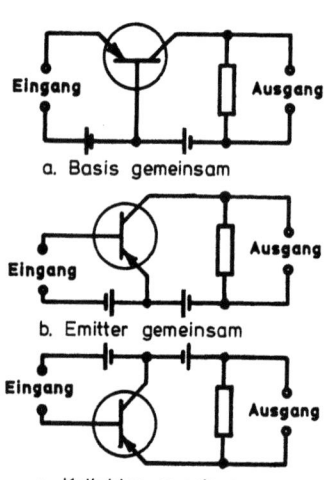

a. Basis gemeinsam

b. Emitter gemeinsam

c. Kollektor gemeinsam

Fig. 2.5
Schaltungsmöglichkeiten
des Transistors

widerstand der Emitter-Basis-Schicht von 50 Ω ist der Emitterstrom I_E dann 2 mA und der Kollektorstrom I_C bei α = 0.99 gleich 2 x 0.99 mA. Dieser Strom von 1.98 mA fließt im Kollektorkreis über einen Widerstand von 5000 Ω und erzeugt einen Spannungsabfall von 9.9 V. Eine Änderung der Emitterspannung um 1 mV ergibt folgende Änderungen: Emitterstrom um 20 μA, Kollektorstrom 19.8 μA, Spannung am Kollektorwiderstand 99 mV. D. h., eine Spannungsänderung im Emitterkreis von 1 mV ergibt im Kollektorkreis eine Spannungsänderung von 99 mV, das bedeutet eine 99-fache Spannungsverstärkung.

In der Schaltkreisanordnung dieses Beispiels gehört die Basis sowohl zum Emitterkreis als auch zum Kollektorkreis. In Fig. 2.5a ist diese Anordnung mit einer Einführung des Schaltungssymbols für einen pnp-Transistor schematisch dargestellt. Sie wird als "Basisschaltung" bezeichnet. Weitere Anordnungsmöglichkeiten sind die "Emitterschaltung" (Fig. 2.5b) und die "Kollektorschaltung" (Fig. 2.5c), bei denen analog zur Basis in der Basisschaltung der Emitter bzw. der Kollektor Bezugspunkt der Schaltkreisanordnung ist.

Schaltzeichen

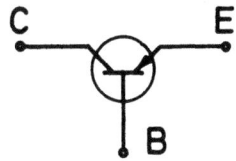

pnp-Transistor

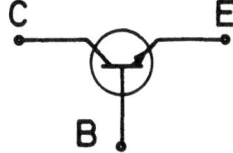

npn-Transistor

Kurzzeichen

B, b	Basis
β	Kollektor-Basisstromverhältnis
C_C	Kollektorkapazität
E, e	Emitter

I_B Basisstrom
I_C Kollektorstrom
I_{CEo} Kollektorreststrom bei offener Basis
I_{CBo} Kollektorreststrom bei offenem Emitter
I_E Emitterstrom
R_{BE} Widerstand zwischen Basis und Emitter
R_{CC} Kollektor-Vorwiderstand
R_{EE} Emitter-Vorwiderstand
U_{BB} Basis-Betriebsspannung
U_{BE} Spannung zwischen Basis und Emitter
$U_{BE_{sat}}$ Basis-Sättigungsspannung (Emitterschaltung)
U_{CB} Spannung zwischen Kollektor und Basis
U_{CBo} Spannung zwischen Basis und Kollektor bei offenem Emitter
U_{CC} Kollektor-Betriebsspannung
U_{CE} Spannung zwischen Kollektor und Emitter
U_{CEo} Spannung zwischen Kollektor und Emitter bei offener Basis
$U_{CE_{sat}}$ Kollektor-Sättigungsspannung (Emitterschaltung)
U_{EB} Spannung zwischen Emitter und Basis
U_{EBo} Spannung zwischen Emitter und Basis bei offenem Kollektor
U_{EE} Emitter-Betriebsspannung

<u>Zählrichtungen für Spannungen und Ströme</u>

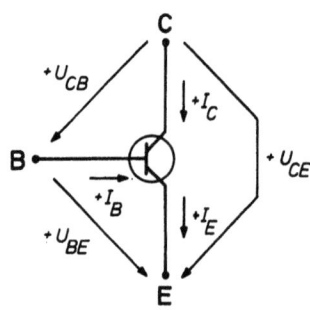

2.2 Messungen

Meßobjekte: Transistor 1   npn-Silizium-Transistor
              Transistor 2   npn-Germanium-Transistor

1. Messen Sie am Transistor 1 in Schaltung 2.1 (Basisschaltung) den Basisstrom I_B für die Emitterstromwerte
   I_E =   5   10   20   35   50   mA   ($U_{CB} = U_{CC} = 0$ V)
   I_B = 25.5   47   87   146   212   µA

2. Messen Sie am Transistor 1 in Schaltung 2.2 (Basisschaltung) bei einer Kollektor-Basisspannung $U_{CB} = U_{CC} = 2$ V den Basisstrom I_B für die Emitterstromwerte
   I_E =   5   10   20   35   50   mA
   I_B = 25   44   79   130   181   µA

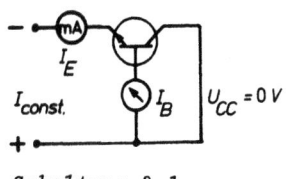
Schaltung 2.1

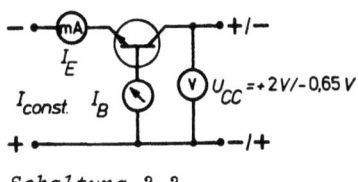
Schaltung 2.2

3. Messen Sie am Transistor 1 in Schaltung 2.2 (Basisschaltung) bei einer Kollektor-Basis-Spannung U_{CB} = -0,65 V den Strom I_B für die Emitterstromwerte
   I_E =   5   10   20   35   50   mA
   I_B = 28   52   99   170   269   µA

4a. Messen Sie am Transistor 1 in Schaltung 3 (Basisschaltung) für die Werte
    I_E = 5   10   20   35   50   mA   den Wert von U_{CB}, bei dem $I_C = I_E / 2$ wird.
    U_{CB} = 710   725   750   780   800   mV

 b. Messen Sie am Transistor 1 in Schaltung 3 (Basisschaltung) für die Werte
    I_E = 5   10   20   35   50   mA   den Wert von U_{CB}, bei dem $I_C = 0$ wird.
    U_{CB} = 725   755   780   810   830   mV

5. Messen Sie am Transistor 1 in Schaltung 2.4 (Emitterschaltung, Eingangskennlinie) die Werte von U_{BE} für die Basisstromwerte

   I_B = 0.1   1   2   3   4   mA
   U_{BE} = 590   670   700   720   730   mV

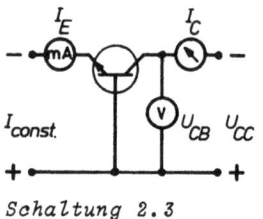 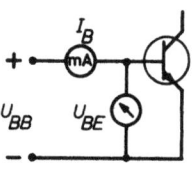

Schaltung 2.3   Schaltung 2.4

6. Wiederholen Sie die Messung 5 am Transistor 2.
   U_{BE} = 136   222   256   280   300   mV

7. Bilden Sie mit Schaltung 2.5 (Emitterschaltung) die Ausgangskennlinie des Transistors 1 ab. Skizzieren Sie den Kurvenverlauf für I_B = 0, 0.1, 0.3, 1 mA.

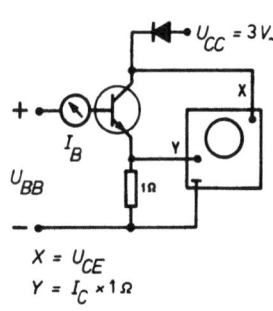 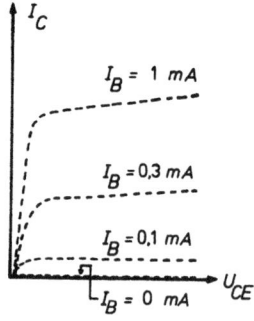

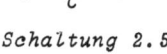

Schaltung 2.5   Skizze $I_C = f(U_{CE})$

8. Messen Sie am Transistor 1 in Schaltung 2.6 den Kollektorstrom I_C für
   a. I_B = 10 µA U_{CE} = 0.15   0.5   1   2.5   V
                     I_C = 1.1   1.6   1.7 1.7   mA
   b. I_B = 25 µA U_{CE} = 0.15   0.5   1   2.5   V
                     I_C = 3.7   4.7   4.9 5.0   mA

c. I_B = 50 µA U_{CE} = 0.15 0.5 1 2.5 V
                  I_C = 9.6 13.1 13.4 14.0 mA
d. I_B =150 µA U_{CE} = 0.15 0.5 1 2.5 V
                  I_C = 21 35 36 38 mA

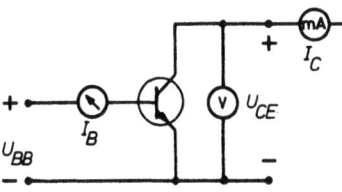

Schaltung 2.6

2.3 Auswertung

1. Zeichnen Sie mit den Meßwerten aus 2.2.1, 2.2.2, 2.2.3 und 2.2.4a, b das Ausgangskennliniendiagramm der Basisschaltung $I_C = f(U_{CB})$ mit I_E als Parameter ($I_C = I_E - I_B$).

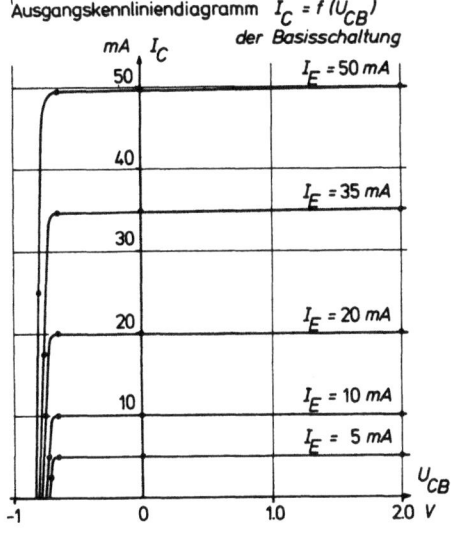

2. Berechnen Sie aus den Meßwerten von 2.2.1 den mittleren Wert des Stromübertragungsfaktors α:

I_C =   4.9745   9.953   19.913   34.854   49.788   mA
I_E =   5   10   20   35   50   mA

$\alpha = \dfrac{I_C}{I_E}$ = 0.9949   0.9953   0.9956   0.9955   0.9957   mA

$$\alpha = 0.9954$$

3. Zeichnen Sie die Eingangskennlinien der Transistoren 1 und 2. Welche Durchlaßspannungen sind für einen Germanium- bzw. Silizium-pn-Übergang typisch?

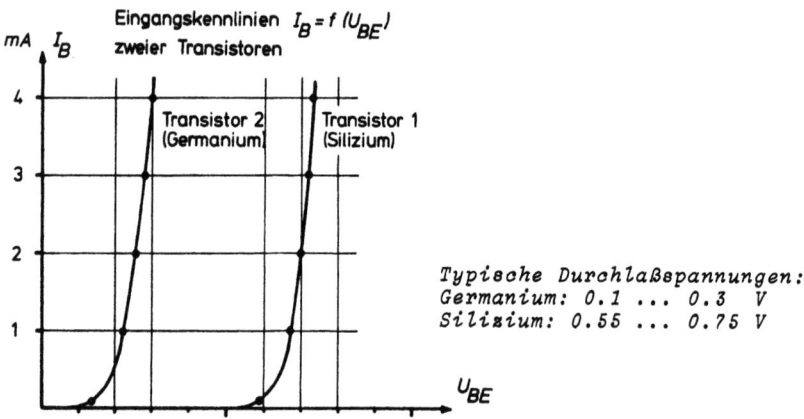

Typische Durchlaßspannungen:
Germanium: 0.1 ... 0.3 V
Silizium: 0.55 ... 0.75 V

4. Der Stromübertragungsfaktor α der Basisschaltung ist definiert zu $\alpha = I_C/I_E$. Ebenso kann ein Stromverstärkungsfaktor β der Emitterschaltung zu $\beta = I_C/I_B$ definiert werden. Berechnen Sie allgemein β als Funktion von α. Wie groß ist β für den Transistor aus 2.2.1?

$\beta = I_C/I_B = I_C/(I_E - I_C)$
  $= (I_C/I_E)/(1 - I_C/I_E)$

$\beta = \dfrac{\alpha}{1 - \alpha} = 216.$

5. Zeichnen Sie entsprechend der Skizze aus 2.2.7 und mit den Meßwerten aus 2.2.8 das Ausgangskennliniendiagramm der Emitterschaltung $I_C = f(U_{CE})$ mit I_B als Parameter.

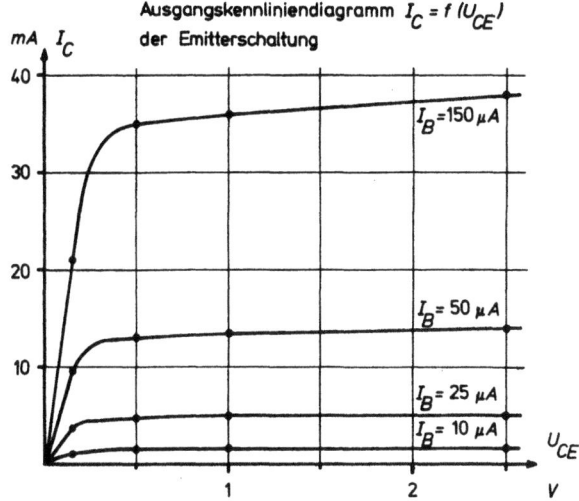

3 Feldeffekt-Transistoren

3.1 Allgemeine Grundlagen

Zur Zeit existieren zwei grundlegend verschiedene Typen von Feldeffekt-Transistoren. Fig. 3.1 zeigt den Aufbau des einen Typs, allgemein als Feldeffekttransistor (FET) bezeichnet. Er besteht aus einem engen Kanal halbleitenden Materials, der oben und unten je einen p-n-Übergang besitzt. An den beiden Enden ist der Kanal mit Kontakten S (Source, Quelle) bzw. D (Drain, Senke) abgeschlossen. Da der Kanal aus halbleitendem Silizium besteht, fließt beim Anlegen einer äußeren Spannung U_{DS} an die Kontakte D und S ein Strom (bei n-Dotierung des Kanals ein Elektronenstrom, bei p-Dotierung ein Löcherstrom), dessen Größe nicht von der Polarität der angelegten Spannung abhängt. Mit dem dritten Kontakt G (Gate, Gatter) kann dieser Strom beeinflußt werden, da an diesen Kontakt das p-Gebiet des oberen p-n-Übergangs angeschlossen ist. Wird an die Gatezone der Fig. 3.1 eine gegenüber Source negative Spannung $-U_{GS}$ angelegt, so wird der p-n-Übergang ge-

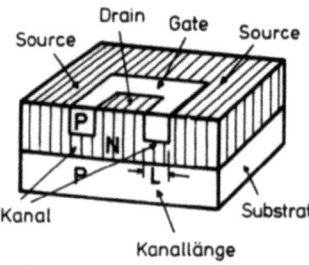

Fig. 3.1
Aufbau eines n-Kanal-
Feldeffekt-Transistors

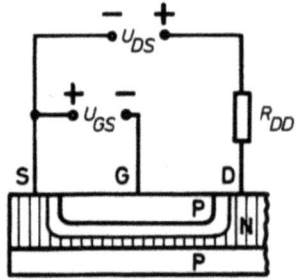

Fig. 3.2
Spannungen am Feld-
effekt-Transistor

sperrt und entsprechend Fig. 1.6 dehnt sich ein ladungsträgerfreies Gebiet in den Kanal hinein aus. Das bedeutet eine Verringerung der leitenden Kanalbreite und damit eine Erhöhung des Kanalwiderstandes. Dies ist in Fig. 3.2 dargestellt. Die schattierte Fläche im n-Kanal stellt die verbleibende, leitfähige Kanalzone dar. Bei einer weiteren Erhöhung der Spannung $-U_{GS}$ durchdringen die ladungsträgerfreien Gebiete den Kanal völlig und der Stromfluß zwischen S und D wird bis auf einen unvermeidlichen Sperrstrom gesperrt. Mit der Spannung $-U_{GS}$ am Gate G kann die Leitfähigkeit des Kanals gesteuert werden, wobei über den Kontakt G nur ein sehr geringer Strom fließt, der Sperrstrom einer Silizium-Diode in der Größe von etwa 100 nA. Der Eingangswiderstand eines FET's erreicht daher Werte von mehr als 10 Megaohm.

Den Aufbau des anderen Feldeffekt-Transistortyps zeigt Fig. 3.3. Er wird nach seinem, für die Leitfähigkeit verantwortlichen Bauteil "Metal-oxide-semiconductor"-Feldeffekttransistor (MOS-FET) bezeichnet. Wie Fig. 3.3 zeigt, sind die Anschlüsse S und D in gleichem Sinne wie beim FET Kontakte an n-leitendem Halbleitermaterial. Es besteht jedoch diesmal keine leitende Verbindung, da das die beiden n-Gebiete überdeckende Siliziumoxyd (SiO_2) ein Nichtleiter, ein Isolator, ist. Dennoch ist auch hier durch den dritten Anschluß G die Steuerung eines Stromflusses zwischen S und

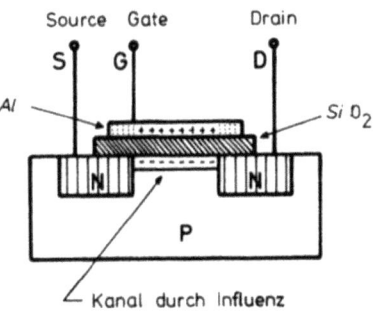

Fig. 3.3
Aufbau eines n-Kanal-
MOS-FET-Transistors

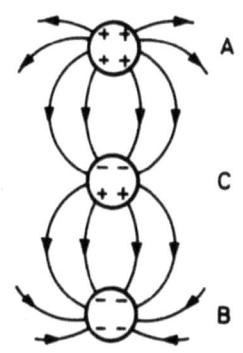

Fig. 3.4 Influenz

D möglich, und zwar durch Influenz. Wird nämlich in ein elektrisches Feld, z. B. in das Feld der Fig. 3.4, zwischen die beiden Elektroden A und B eine isolierte Elektrode C gebracht, so entsteht in dieser unter der Einwirkung der elektrischen Feldkräfte eine ungleichmäßige Ladungsverteilung und an der Oberfläche sind freie Ladungsträger vorhanden. Diese Einwirkung des elektrischen Feldes wird als Influenz bezeichnet. Ihre Funktion beim MOS-FET ist in Fig. 3.3 angedeutet.

Wird an den Kontakt G eine gegenüber dem Kontakt S positive Spannung $+U_{GS}$ gelegt, so entsteht durch Influenz im Substrat, dem Untergrundmaterial, ein Kanal mit negativen Ladungsträgern, und unter dem Einfluß dieser Spannung kann nun zwischen D und S ein Strom fließen. Die Größe dieses Stromes ist nach dem Überschreiten einer Schwellenspannung U_{GSth}, bei der erst die Influenzwirkung beginnt, eine Funktion der Steuerspannung U_{GS}. Da der Anschluß G durch das isolierende Material SiO_2 vom übrigen Teil des Transistors getrennt ist, liegt der Eingangswiderstand eines MOS-FET's bei etwa 10^{12} Ohm, d. h. ein MOS-FET ist ein nahezu ideales, spannungsgesteuertes Bauelement, eine Eigenschaft, die ihm in letzter Zeit den Einzug in weite Gebiete der Rechenanlagentechnik ermöglicht hat.

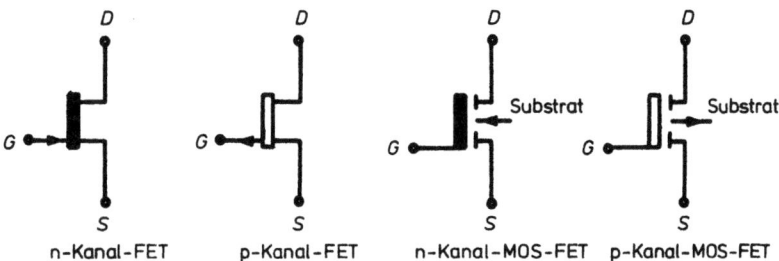

Fig. 3.5 Schaltungssymbole[1] für Feldeffekt-Transistoren

---

[1] Mit Rücksicht auf die komplexen MOS-Schaltungen der Aufg. 7 wird neben der allgemein üblichen Unterscheidung der komplementären Transistortypen durch die Pfeilrichtung als deutlicheres Merkmal das Auszeichnen oder Freilassen der Gate-Linie eingeführt.

Kurzzeichen

D	Drain, Senke
G	Gatter, Gate
I_D	Drainstrom
$I_{D\ off}$	Drainsperrstrom
I_G	Gatestrom
I_S	Sourcestrom
$I_{S\ off}$	Sourcesperrstrom
r_{DS}	Drain-Source-Widerstand bei leitendem Transistor
S	Source, Quelle
U_{DG}	Drain-Gate-Spannung
U_{DS}	Drain-Source-Spannung
U_{GS}	Gate-Source-Spannung
$U_{GS\ th}$	Gate-Source-Schwellenspannung bei MOS FET's
U_{DD}	Drain-Betriebsspannung
U_{GG}	Gate-Betriebsspannung

Zählrichtungen für Ströme und Spannungen bei Feldeffekt-Transistoren:

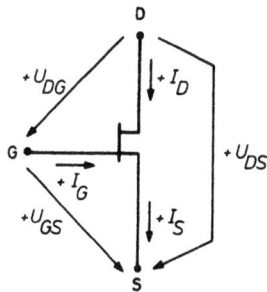

3.2 Messungen

Messobjekte: n-Kanal-FET
                n-Kanal-MOS-FET
                p-Kanal-MOS-FET

1. Messen Sie die Steuerkennlinie $I_D = f(U_{GS})$ eines n-Kanal-FET's

a. mit Schaltung 3.1 : U_{DS} = const. = 5 V

U_{GS} =	0	-0.2	-0.4	-0.6	-0.8	-1.0	-1.2	-1.4	-2.0	V
I_D =	2.9	2.3	1.76	1.3	0.84	0.5	0.24	0.07	0.01	mA

b. mit Schaltung 3.2 : U_{DS} ≠ const., R = 3 kΩ, U_{DD} = 5 V

U_{GS} =	0	-0.2	-0.4	-0.6	-0.8	-1.0	-1.2	-1.4	-2.0	V
I_D =	1.52	1.5	1.41	1.2	0.83	0.5	0.2	0.07	0.01	mA

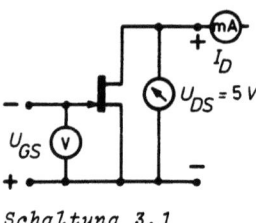

Schaltung 3.1

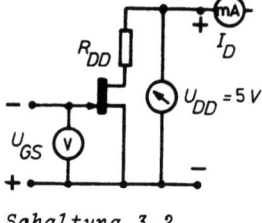

Schaltung 3.2

2. Messen Sie die Ausgangskennlinien $I_D = f(U_{DS}, U_{GS})$ eines n-Kanal-MOS-FET's mit Schaltung 3.3:

U_{DS} =	0,4 V	0,8 V	1,6 V	4,0 V	10,0 V
	I_D mA	I_D mA	I_D mA	I_D mA	I_D mA
U_{GS} = 0 V	0.008	0.01	0.013	0.018	0.03
3,0 V	0.135	0.14	0.145	0.149	0.17
4,0 V	0.5	0.58	0.59	0.6	0.63
6,0 V	1.6	2.3	2.7	2.8	3.0
8,0 V	2.7	4.5	6.3	7.0	7.4
10,0 V	3.8	6.7	10.5	13.2	13.9

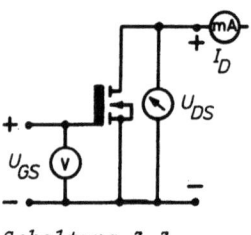

Schaltung 3.3

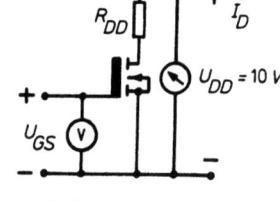

Schaltung 3.4

3. Messen Sie die Steuerkennlinie $I_D = f(U_{GS})$ eines n-MOS-FET's

   a. mit Schaltung 3.3 : U_{DS} = const. = + 10 V

U_{GS} =	0	2	3	4	5	6	7	8	9	10	V
I_D =	0.03	0.035	0.18	0.63	1.7	3.1	5.0	7.4	10.4	13.8	mA

   b. mit Schaltung 3.4 : U_{DS} ≠ const., R = 1 kΩ, U_{DD} = 10 V

U_{GS} =	0	2	3	4	5	6	7	8	9	10	V
I_D =	0.03	0.035	0.18	0.63	1.7	2.9	4.7	6.8	8.4	8.8	mA

4. Messen Sie zum Vergleich die Steuerkennlinie $I_D = f(U_{DS})$ eines p-MOS-FET's

   a. mit Schaltung 3.5 : U_{DS} = const. = -10 V

U_{GS} =	0	-2	-3	-4	-5	-6	-7	-8	V
I_D =	0.02	0.03	0.2	2.0	4.9	8.8	12.9	17.0	mA

   b. mit Schaltung 3.6 : U_{DS} ≠ const., R = 1 kΩ, U_{DD} = -10 V

U_{GS} =	0	-2	-3	-4	-5	-6	-7	-8	-9	-10	V
I_D =	0.02	0.03	0.2	1.8	4.4	6.9	8.2	8.6	8.8	8.8	mA

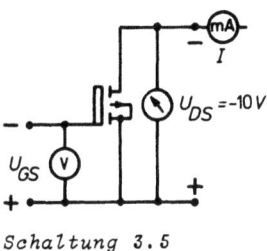

Schaltung 3.5

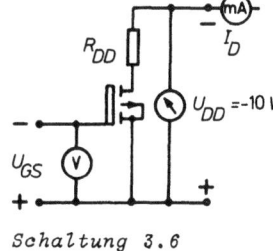

Schaltung 3.6

3.3 Auswertung

1. Zeichnen Sie die Steuerkennlinien des n-FET's aus Messung 3.2.1 für U_{DS} = const und U_{DS} ≠ const. Wodurch unterscheiden sich die beiden Kurven?

Der Drain-Vorwiderstand R_{DD} begrenzt durch den an ihm entstehenden Spannungsabfall den Strom auf

$$I_D \leq U_{DD} / R_{DD} = 1.67 \text{ mA}$$

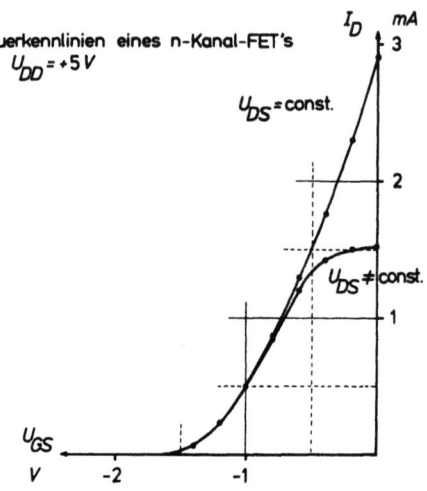

Steuerkennlinien eines n-Kanal-FET's bei $U_{DD} = +5V$

2. Zeichnen Sie das Ausgangskennliniendiagramm des n-MOS-FET's aus Messung 3.2.2 mit der Spannung U_{GS} als Parameter. Zeichnen Sie in das Diagramm Widerstandsgeraden für Drain-Vorwiderstände von 1 kΩ und 2 kΩ ein (U_{DD} = 10 V).

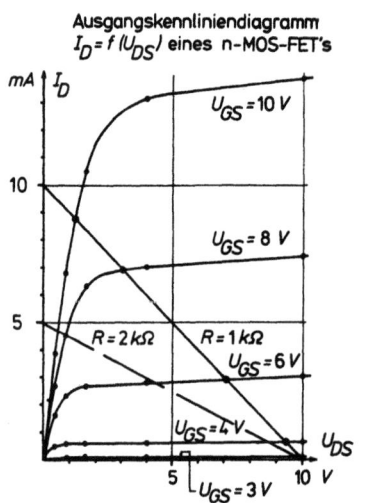

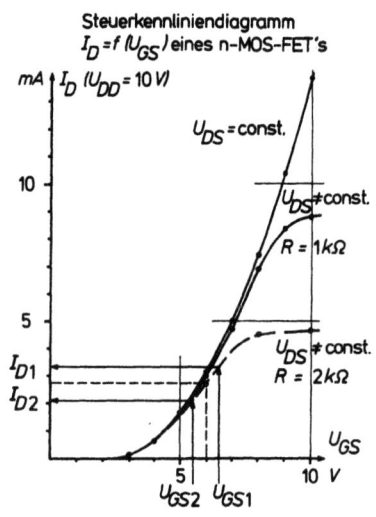

3. Zeichnen Sie die Steuerkennlinien des n-MOS-FET's aus Messung 3.2.3 für U_{DS} = const. und $U_{DS} \neq$ const. Wodurch unterscheiden sich die Steuerkennlinien des n-FET's und des n-MOS-FET's?

   Beim FET nimmt die Größe des Drainstroms mit zunehmender Größe der Steuerspannung $-U_{GS}$ ab. Bei etwa 1,7 V ist der FET vollständig gesperrt. Im Gegensatz dazu nimmt beim MOS-FET die Größe des Drainstroms mit ansteigender Größe der Steuerspannung zu, allerdings erst nach Überschreiten einer Schwellenspannung von etwa 2,5 V.

4. Lesen Sie von den Schnittpunkten der Widerstandsgeraden für R = 1 kΩ mit den Ausgangskennlinien die zugehörigen Werte für I_D und U_{GS} ab. Vergleichen Sie die abgelesenen Werte bei gleichem U_{GS} mit den Meßwerten aus der Messung 3.2.3.b.

U_{GS} =	0	3	4	6	8	10	V	
I_D =	0	0.1	0.6	2.9	6.9	8.7	mA	abgelesener Wert
I_d =	0.03	0.18	0.63	2.9	6.8	8.8	mA	gemessener Wert

   Die Werte für den Drainstrom I_D stimmen im Rahmen der Meß- und Zeichengenauigkeit überein.

5. Konstruieren Sie nach der soeben gemachten Erfahrung die Steuerkennlinie für $U_{DS} \neq$ const., R = 2 kΩ und U_{DD} = 10 V.

   Aus dem Ausgangskennliniendiagramm werden längs der Widerstandsgeraden für R = 2 kΩ die Wertepaare I_D / U_{GS} abgelesen:

U_{GS} =	0	3	4	6	8	10	V
I_D =	0	0.1	0.6	2.8	4.5	4.7	mA

   Mit diesen Werten wird im Steuerkennliniendiagramm die gesuchte Steuerkennlinie gezeichnet.

6. Lesen Sie auf dieser Steuerkennlinie die zu U_{GS1} = 6 + 0.5 V und zu U_{GS2} = 6 - 0.5 V gehörenden Stromwerte I_{D1} und I_{D2} ab. Wie groß ist danach im "Arbeitspunkt" U_{GS} = 6 V die zu $|\Delta U_{GS}|$ = 1 V gehörende Stromänderung $|\Delta I_D|$? Wie groß ist die Spannungsverstärkung $|\Delta U_{DS}| / |\Delta U_{GS}|$?

$$U_{GS1} = 6.5 \text{ V} \qquad I_{D1} = 3.3 \text{ mA}$$
$$U_{GS2} = 5.5 \text{ V} \qquad I_{D2} = 2.1 \text{ mA}$$
$$|\Delta U_{GS}| = 1.0 \text{ V} \qquad |\Delta I_D| = 1.2 \text{ mA}$$

$$|\Delta U_{DS}| = R \times |\Delta I_D| = 2.4 \text{ V}$$
$$V = |\Delta U_{DS}| / |\Delta U_{GS}| = 2.4$$

7. Zeichnen Sie die Steuerkennlinien des p-MOS-FET's aus Messung 3.2.4. Wie unterscheiden sie sich von denen des n-MOS-FET's?

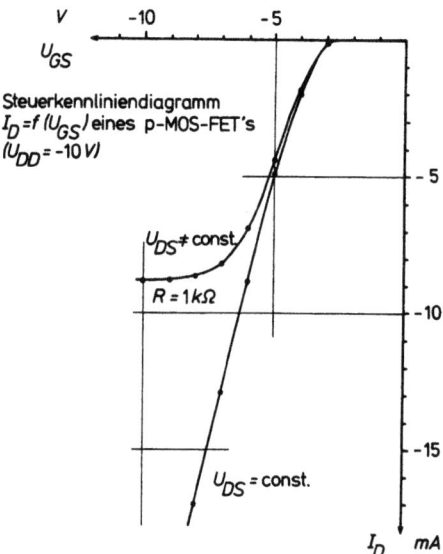

Steuerkennliniendiagramm $I_D = f(U_{GS})$ eines p-MOS-FET's (U_{DD} = -10 V)

Abgesehen von quantitativen Unterschieden, die Kurven steigen nach Überschreiten der Schwellenspannung steiler an, entsprechen sich die Kurven im Verlauf. Allerdings sind die Werte von U_{GS} und I_D negativ, wegen der komplementären Zonenfolge (p-Kanal, n-Substrat).

4 Transistor als Verstärker

4.1 Allgemeine Grundlagen

Ein Transistor verstärkt, wenn seine Emitterschicht in Durchlaßrichtung, seine Kollektorschicht in Sperrichtung vorgespannt ist. Dies wird durch Anlegen von Gleichspannungen an den Transistor erreicht, die von den Wechselspannungseingangs- und Ausgangssignalen unabhängig sind. Diese Vorspannungen werden so eingestellt, daß ein geeigneter Gleichstrom durch den Transistor fließt. Ein Eingangssignal wird zusätzlich eingekoppelt und beeinflußt den Emitter- oder Basisstrom, wodurch sich der Kollektorstrom ändert und das Signal verstärkt am Ausgang erscheint. Drei Verstärkungsschaltungen sind möglich. Sie werden nach dem Transistoranschluß bezeichnet, der gemeinsamer Bezugspunkt für den Eingangs- und Ausgangskreis ist (Fig. 2.5). Die Gleichspannungsquellen können dabei für die Wechselspannungssignale als Kurzschlüsse angesehen werden.

Da die Verstärkungswirkung der Basisschaltung bereits in Aufgabe 2 im Prinzip erläutert ist, soll hier die Einstellung der Gleichströme am Beispiel der Emitterschaltung gezeigt werden. Fig. 4.1 zeigt das Ausgangskennliniendiagramm einer Emitterschaltung nach Fig. 4.2 mit einer Kollektor-Betriebsspannung U_{CC} von 10 V und einem Kollektorwiderstand R_{CC} von 2.5 kΩ. Ist der Basisstrom $I_B = 0$, so fließt nur ein geringer Strom durch den in Sperrichtung vorgespannten Emitter-Kollektor-Übergang, der Kollektorreststrom. Da dieser Strom am Widerstand R_{CC} praktisch keinen Spannungsabfall erzeugt, liegt zwischen Emitter und Kollektor fast die volle Betriebsspannung. Dieser Zustand ist in Fig. 4.1 durch den Punkt A gekennzeichnet. Wird der Basisstrom erhöht, so fließt ein

Kollektorstrom, durch den am Kollektorwiderstand ein Spannungsabfall entsteht, die Kollektor-Emitterspannung nimmt ab. Bei einem Basisstrom von über 50 µA hat der Kollektorstrom so weit zugenommen, daß nun an R_{CC} fast die volle Betriebsspannung liegt. Dieser Zustand ist in Fig. 4.1 durch den Punkt B gekennzeichnet. Ein Steigern des Basisstroms über diesen Wert hinaus hat kein weiteres Anwachsen des Kollektorstroms mehr zur Folge - der Transistor ist "gesättigt". Die dabei verbleibende Kollektor-Emitterspannung ist die "Sättigungsspannung" $U_{CE\,sat}$.

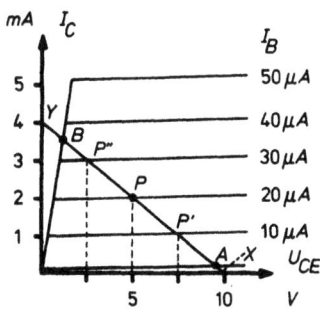

Fig. 4.1
Ausgangskennlinien-
Diagramm eines
Transistors in
Emitter-Schaltung

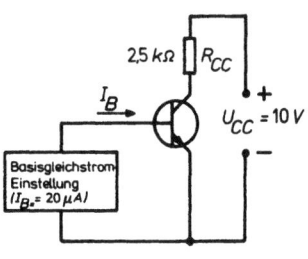

Fig. 4.2
Dimensionierte Emitter-
schaltung

Wird die Gerade durch A und B in Fig. 4.1 bis zu den Achsenschnittpunkten X und Y verlängert, so gilt $X / Y = R_{CC}$. Der Wert X ist die Kollektorbetriebsspannung U_{CC}. Umgekehrt kann Y aus den bekannten Werten für R_{CC} und U_{CC} berechnet und die Gerade X-Y in jedes Ausgangskennliniendiagramm als Arbeitsgerade (Widerstandsgerade) der Schaltung eingezeichnet werden. Der Arbeitspunkt P der Schaltung bewegt sich beim Verändern des Basisstromes entlang der Geraden X-Y in dem Abschnitt zwischen A und B.

In der Schaltung der Fig. 4.2 ist der Basisgleichstrom mit 20 µA angenommen. Damit ist, wie Fig. 4.1 zeigt, U_{CE} mit 5 V und I_C mit 2 mA festgelegt. Wird nun dem Basisgleichstrom von 20 µA ein Eingangswechselstrom I_E = 10 sin(ωt) µA überlagert, so fließt bei sin(ωt) = -1 nur noch ein Basisstrom von 10 µA. Zu dem momentanen Zustand P'gehören jedoch die Werte U_{CE} = 7.5 V und I_C = 1 mA. Andererseits fließt bei sin(ωt) = +1 ein Basisstrom von 30 µA, zu dem die Werte U_{CE} = 2.5 V und I_C = 3 mA gehören, entsprechend dem Punkt P" in Fig. 4.1. Die Verstärkungswirkung der Emitterschaltung liegt nun darin, daß eine Änderung des Basisstromes um $\pm$ 10 µA eine Änderung des Kollektorstromes von $\pm$ 1 mA, d. h. des 100fachen, bewirkt.

Die Wahl des Arbeitspunktes ist durch Grenzdaten des jeweiligen Transistors eingeschränkt, wie zum Beispiel durch die maximal zulässige Verlustleistung $P_{V\ max}$. Durch die Verlustleistung P_V = I_C x U_{CE} wird der Transistor erwärmt. Mit der Erwärmung wird die Eigenleitung der Transistorzonen erhöht, d. h. der Kollektorreststrom nimmt stark zu. Wird die Temperatur zu groß, so wird die Verwendbarkeit des Transistors eingeschränkt, da der Kollektorstrom vom Eingangssignal unabhängig wird. Eine weitere Erhöhung der Temperatur führt zur Zerstörung des Transistors.

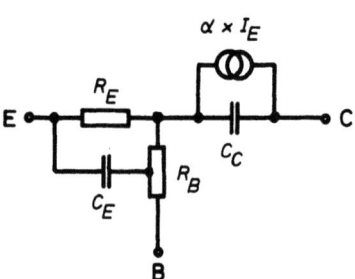

R_E : Widerstand der Emitterschicht
R_B : Widerstand der Basisschicht
C_E : Kapazität des Emitter-Basis-Übergangs
C_C : Kapazität des Kollektor-Basis-Übergangs
$\alpha \times I_E$: Kollektorstromquelle $I_C = \alpha \times I_E$

Fig. 4.3 Ersatzschaltbild des Transistors für mittlere Frequenzen

Das Verhalten eines Transistors beim Verstärken von Wechselspannungen kann durch ein einfaches Ersatzschaltbild (Fig. 4.3) beschrieben werden. Wird die Frequenz eines an einen Transistor gelegten, in der Amplitude konstanten Eingangssignals erhöht, so bleibt die Amplitude des Ausgangssignals zunächst konstant, fällt aber schließlich ab, da die Verstärkung des Transistors nachläßt. Dafür sind mehrere Einflüsse verantwortlich: Erstens nimmt die Stromverstärkung ab, da ein Teil des Emitterstroms über die Kapazität C_E zur Basis abfließt und nicht mehr zur Steuerung des Kollektorstroms beiträgt, zweitens fließt ein wachsender Teil des Kollektorstroms über die Kapazität C_C und drittens benötigen die Ladungsträger eine endliche Zeit um durch das Basisgebiet vom Emitter zum Kollektor zu gelangen. Diese Laufzeit ist der Dicke des Basisgebietes proportional. Ist diese Laufzeit mit der Zeitdauer einer Schwingung des angelegten Wechselstromsignals vergleichbar, so verringert sich das Ausgangssignal, da nicht mehr alle Ladungsträger die Kollektorschicht vor dem Polaritätswechsel des Steuersignals erreichen.

Schaltungssymbole

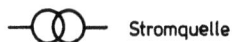 Stromquelle   Meßgleichrichter

Kurzzeichen

f	Frequenz	$U_{E\sim}$	Eingangswechselspannung
f_e	Eingangsfrequenz	V_p	Leistungsverstärkung
$U_=$	von einem Gleichrichter gelieferte Spannung	V_{SS}	Volt - Scheitelwert zu Scheitelwert
$U_\sim$	Wechselspannung	$\hat{U}_\sim$	Spitzenwechselspannung

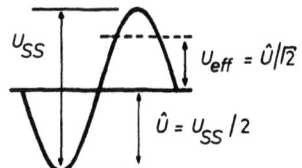

4.2 Messungen

Messobjekt: npn-Silizium-HF-Transistor

1. Steuerkennlinien
   a. Messen Sie in Schaltung 4.1 den Strom I_C für
      U_{CE} = const. = 15 V und
      I_B =   0   0.02   0.05   0.1   0.15   0.18   mA
      I_C = 0.005   1.28   3.3   7.8   12.1   15.0   mA

   b. Messen Sie in Schaltung 4.2 den Strom I_C für U_{CC} = 15 V
      (U_{CE} ≠ const.) und
      I_B =   0   0.02   0.05   0.1   0.15   0.18   0.2   0.25 mA
      I_C = 0.005   1.2   3.08   6.45   9.9   11.7   12.3   12.3 mA

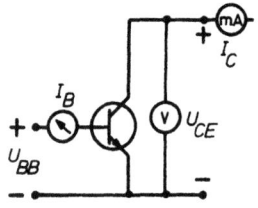

Schaltung 4.1

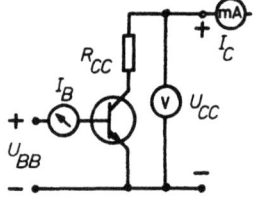

Schaltung 4.2

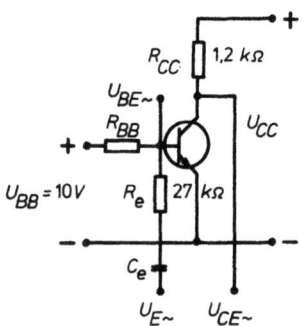

Schaltung 4.3

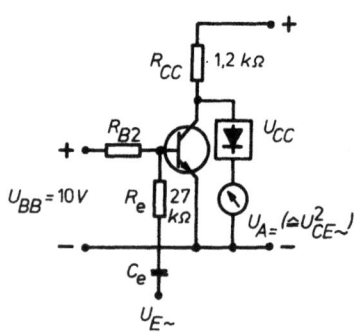

Schaltung 4.4

2. Messen Sie in Schaltung 4.3 den Strom I_B und den Verlauf des Ausgangssignals für $U_{BB} = U_{CC} = 15$ V und $R_{BB} = R_{B1}$, R_{B2} und R_{B3}.

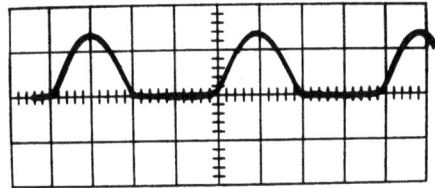

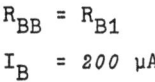
$R_{BB} = R_{B1}$
$I_B = 200$ µA

0.5 V/cm, 5 µs/cm

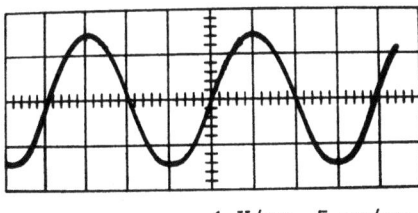

$R_{BB} = R_{B2}$
$I_B = 100$ µA

1 V/cm, 5 µs/cm

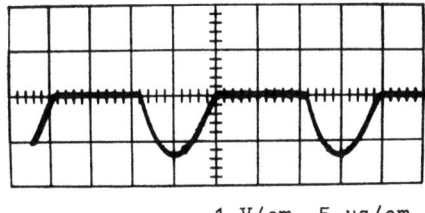

$R_{BB} = R_{B3}$
$I_B = 20$ µA

1 V/cm, 5 µs/cm

3a. Messen Sie in Schaltung 4.3 die Spannung $U_{E\sim}$, $U_{BE\sim}$ und $U_{CE\sim}$ in V_{SS} (f=0.05 MHz).

$U_{E\sim} = 2.6\ V_{SS}$ $\qquad$ $U_{BE\sim} = 0.8\ V_{SS}$ $\qquad$ $U_{CE\sim} = 2.4\ V_{SS}$

b. Bilden Sie die Spannungen $U_{BE\sim}$ und $U_{CE\sim}$ gleichzeitig auf dem Oszillographen ab und zeichnen Sie die Phasenlage der Signale zueinander auf.

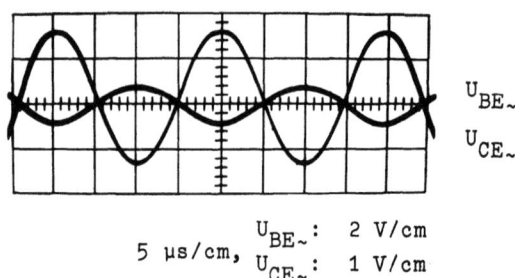

5 µs/cm, $U_{BE\sim}$: 2 V/cm
$U_{CE\sim}$: 1 V/cm

4. Messen Sie in Schaltung 4.4 ($R_{BB} = R_{B2}$) die Ausgangsspannung $U_{A_=}$ für die Frequenzen

f = 0.05 0.1 0.55 0.65 0.75 1.0 1.25 1.5 1.75 2.0 2.5 MHz
$U_{A_=}$ = 1.1 1.1 1.1 0.91 0.76 0.53 0.4 0.32 0.26 0.22 0.19 V

4.3 Auswertung

1. Begründen Sie die unter 4.2.3.b gezeichnete, gegenseitige Phasenlage der Spannungen $U_{BE\sim}$ und $U_{CE\sim}$.

   Ohne Eingangswechselsignal fließt ein Basisgleichstrom $I_{B=}$ über den Transistor, dessen Größe durch die Spannung U_{BB} und den Wert des Widerstandes R_{BB} festgelegt ist. Durch eine zusätzliche Eingangswechselspannung $U_{E\sim}$ wird dem Strom $I_{B=}$ ein Strom

   $$I_\sim = \frac{\hat{U}_{E\sim}}{R_E} \cdot \sin(\omega t) = \hat{I}_{B\sim} \cdot \sin(\omega t) \qquad (4.1)$$

   überlagert. Der Basisstrom ist somit

   $$I_B = I_{B=} + \hat{I}_{B\sim} \cdot \sin(\omega t). \qquad (4.2)$$

   Für den Kollektorstrom gilt in der Emitterschaltung
   $$I_C = \beta \cdot I_B \qquad (4.3)$$
   $$= \beta \cdot I_{B=} + \beta \cdot \hat{I}_{B\sim} \cdot \sin(\omega t). \qquad (4.4)$$

D. h., daß Kollektorstrom und Basisstrom gleichphasig sind. Eine Zunahme des Basisstromes bewirkt eine Zunahme des Kollektorstromes.

Für die Spannung U_{CE} gilt

$$U_{CE} = U_{CC} - R_{CC} \cdot I_C \qquad (4.5)$$
$$\phantom{U_{CE}} = U_{CC} - R_{CC} \cdot \beta \cdot I_{B=} - R_{CC} \cdot \beta \cdot \hat{I}_{B\sim} \cdot \sin(\omega t). \qquad (4.6)$$

Daraus folgt mit

$$U_{CE=} = U_{CC} - R_{CC} \cdot \beta \cdot I_{B=} \qquad (4.7)$$
$$\hat{U}_{CE\sim} = R_{CC} \cdot \beta \cdot \hat{I}_{B\sim} \qquad (4.8)$$
$$U_{CE} = U_{CE=} - \hat{U}_{CE\sim} \cdot \sin(\omega t). \qquad (4.9)$$

Aus den Gleichungen 4.2, 4.4 und 4.9 folgt, daß für $\sin(\omega t) = +1$ I_B und I_C ein Maximum, U_{CE} hingegen ein Minimum haben, da ein großer Strom I_C auch einen großen Spannungsabfall am Arbeitswiderstand R_{CC} bedeutet. Für $\sin(\omega t) = -1$ haben I_B und I_C ein Minimum, U_{CE} ein Maximum. Die Größen $I_{B\sim}$ und $U_{CE\sim}$ sind somit gegenphasig. Da jedoch

$$U_{E\sim} = \hat{U}_{E\sim} \sin(\omega t)$$

und

$$I_{B\sim} = \hat{I}_{B\sim} \sin(\omega t)$$

gleichphasig sind, sind die Spannungen $U_{BE\sim}$ und $U_{CE\sim}$ gegenphasig.

2. Zeichnen Sie mit den Werten der Messung 4.2.1 die Steuerkennlinien $I_C = f(I_B)$ für U_{CE} = const. und $U_{CE} \neq$ const.

3. Markieren Sie auf der Steuerkennlinie $U_{CE} \neq$ const. die I_B - Werte der Messung 4.2.2 als Arbeitspunkte und skizzieren Sie in das Steuerkennliniendiagramm nach der gezeichneten Form des Ausgangssignals zu diesen Arbeitspunkten den Verlauf des Stromes I_C.
Erklären Sie mit Hilfe der Steuerkennlinie die verschiedenen Kurvenformen.

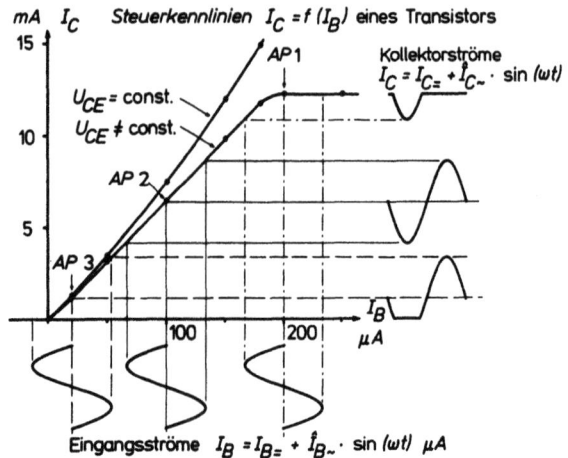

AP1: Der Arbeitspunkt 1 liegt am Anfang des waagerechten Teiles der Steuerkennlinie. Der Kollektorstrom kann daher einer Erhöhung des Basisstromes über den zu AP1 gehörenden Wert nicht mehr folgen. Im Kollektorstrom I_C erscheint deshalb nur die negative Halbwelle des Eingangssignals. Sie wird jedoch verzerrt übertragen, da die Steuerkennlinie unterhalb des Arbeitspunktes im ausgesteuerten Bereich noch nicht geradlinig verläuft.

AP2: Der Arbeitspunkt 2 liegt in der Mitte des geradlinigen Teils der Steuerkennlinie. Es können beide Halbwellen des Eingangssignals unverzerrt im Kollektorstrom I_C erscheinen.

AP3: Der Arbeitspunkt 3 liegt in der Nähe des Nullpunktes und am unteren Ende des gradlinigen Teils der Steuerkennlinie. Die positive Halbwelle kann daher noch unverzerrt im Kollektorstrom I_C erscheinen. Die negative Halbwelle hingegen geht über $I_B = 0$ hinaus. Da der Kollektorstrom dem Eingangssignal nur bis $I_C = 0$ folgen kann, erscheint dieser Teil des Eingangssignals begrenzt im Kollektorstrom.

4. Berechnen Sie die Eingangswechselleistung
$$P_E = \hat{I}_{E\sim} \times \hat{U}_{BE\sim} / 2$$
mit
$$\hat{I}_{E\sim} = (\hat{U}_{E\sim} - \hat{U}_{BE\sim})/R_E$$

(R_E = 27 kΩ[1] und $\hat{U}_{E\sim}$ bzw. $\hat{U}_{BE\sim}$ aus Messung 4.2.3 a)

$$\hat{I}_{E\sim} = (1.3 - 0.4)/27 \cdot 10^3 \text{ A}$$
$$\hat{I}_{E\sim} = 33 \text{ µA}$$

$$P_{E\sim} = 33 \cdot 10^{-6} \cdot 0{,}4 / 2 \text{ W}$$
$$P_{E\sim} = 6.6 \text{ µW}$$

5. Berechnen Sie die Ausgangswechselleistung
$$P_{A\sim} = 0.5 \times \hat{U}_{CE\sim}^2 / R_{CC}$$

(R_{CC} = 1.2 kΩ und $\hat{U}_{CE\sim}$ aus Messung 4.2.3 a)

$$P_{A\sim} = 0.5 \times 1.2 \times 1.2 / (1.2 \times 10^3) \text{ W}$$
$$P_{A\sim} = 600 \text{ µW}$$

6. Berechnen Sie die Leistungsverstärkung
$$V_{P \text{ max}} = P_{A\sim}/P_{E\sim}$$
$$V_{P \text{ max}} = 600/6.6 = 91$$

7. Berechnen Sie mit den Werten aus Messung 4.2.4 die Leistungsverstärkung
$$V_P = V_{P \text{ max}} \times U_{A=}/U_{A= \text{ max}}$$

und das Verhältnis

$$V_P/V_{P \text{ max}} = U_{A=}/U_{A= \text{ max}}$$

($U_{A= \text{ max}} = U_{A=}$ bei f = 0.05 MHz)

---

[1] Der Wechselstromwiderstand des Eingangskondensators kann vernachlässigt werden.

f	=	0.05	0.1	0.55	0.65	0.75	1.0	MHz
V_P	=	91	91	91	76	63	44	
$V_P/V_{P\ max}$	=	1	1	1	0.83	0.69	0.48	

f	=	1.25	1.5	1.75	2.0	2.25	MHz
V_P	=	33	26	22	18	15	
$V_P/V_{P\ max}$	=	0.36	0.29	0.24	0.2	0.17	

8. Zeichnen Sie $V_P/V_{P\ max}$ als Funktion der Frequenz auf. Zeichnen Sie in das Diagramm die Grenzfrequenz f_g, bei der $V_P/V_{P\ max}$ = 0.5 ist, und die Transitfrequenz f_T, bei der V_P = 1 ist, ein.

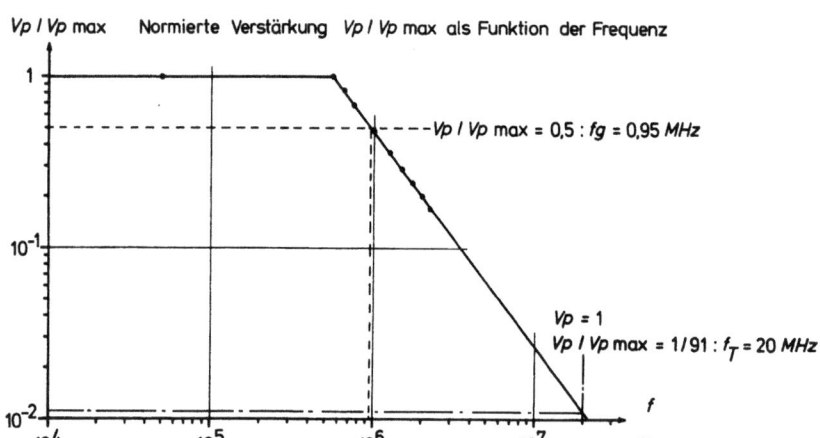

5 Transistor als elektronischer Schalter

5.1 Allgemeine Grundlagen

Die hohe Betriebssicherheit und die geringen Abmessungen von Transistorschaltkreisen machen diese für die Verwendung in elektronischen Rechenanlagen besonders geeignet. In diesen Schaltkreisen wird der Transistor als ein elektronischer Schalter verwendet. In Fig. 5.1 ist zur Erläuterung das Grundschema eines solchen Schaltkreises und die Ausgangscharakteristik einer Emitterschaltung dargestellt. Bei Basisstrom null (negative Spannung an der Basis des npn-Transistors) ist der Kollektorstrom I_C fast null (Punkt A, Fig. 5.1 b) und die Spannung U_{CE} ist fast gleich der Betriebsspannung U_{CC}. Wird der Basisstrom bis zur Sättigung des Kollektorstroms erhöht (Punkt B, Fig. 5.1 b), dann sinkt die Spannung U_{CE} fast auf null. Das heißt, durch das Einschalten eines geeigneten Basisstromes wächst der Kollektorstrom auf seinen vollen Wert und die Spannung U_{CE} schaltet von $U_{CE} \approx U_{CC}$ um auf $U_{CE} \approx 0$ V. Dies ist der "Schalt"-Betrieb eines Transistors. Der erste Zustand,

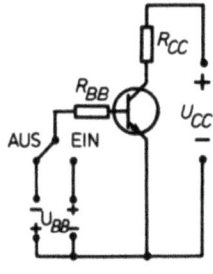

a. Schaltkreisschema

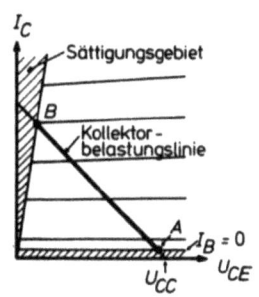

b. Schaltcharakteristik

Fig. 5.1 Betrieb eines Transistors als Schalter

Punkt A, wird als "AUS" bezeichnet, der Transistor ist "gesperrt", d. h. $I_C = I_{C_0} \approx 0$. Der andere Zustand wird als "EIN" bezeichnet, der Transistor ist in der "Sättigung".

Ein wesentliches Merkmal dieser Transistorbetriebsweise besteht darin, daß eine Steuerung des Transistors über den nichtleitenden oder den gesättigten Zustand hinaus keinen Einfluß auf die Ausgangsspannung U_{CE} hat. Ein derartiges Übersteuern des Transistors kann daher bei der Auslegung des Schaltkreises vorgesehen und als Schutz gegen Störungen des Zustandes "EIN" bzw. "AUS" benützt werden, da für ein Umschalten erst die Übersteuerung aufgehoben werden muß. Die Schaltung ist dann in jedem Zustand sehr stabil und geht nur bei einem gewissen Mindestsignal von einem Zustand in den anderen über. Der Übergang von einem Zustand in den anderen erfolgt entlang der durch den Widerstand R_{CC} gegebenen Widerstandsgeraden, der Kollektorbelastungslinie. Unter der Voraussetzung, daß das Umschalten in kurzer Zeit vor sich geht, kann die Widerstandsgerade durch den Bereich zu großer Verlustleistung gehen. In den Zuständen "EIN" bzw. "AUS" gilt für die Verlustleistung:

$$\text{EIN:} \quad P_v = I_C \times U_{CE\ sat}$$

$$\text{AUS:} \quad P_v = U_{CE} \times I_{C_0}$$

Da in diesen Gleichungen entweder $U_{CE\ sat}$ oder I_{C_0} sehr klein ist, entsteht in diesen Schaltungen am Transistor nur eine geringe Verlustleistung.

Die Zeitdauer des Überganges von einem Zustand in den anderen, d. h. das Ein- und Ausschalten des Transistors ist abhängig von Schaltungsparametern und dynamischen Eigenschaften des Transistors. Fig. 5.2 zeigt den Verlauf des Basis- und des Kollektorstroms einer Emitterschaltung.
Für den Einfluß der dynamischen Eigenschaften gilt allgemein, daß mit wachsender Übersteuerung durch den Basisstrom I_B die Einschaltzeit t_{on} kleiner, die Speicherzeit t_s jedoch

größer wird (entsprechend der größeren Speicherzeit der
Basis-Emitter-Diode). Für die Ausschaltzeit t_{off} gilt, daß
sie mit wachsender Übersteuerung des "AUS"-Zustandes kleiner

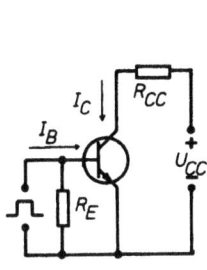
a. Schaltkreisschema

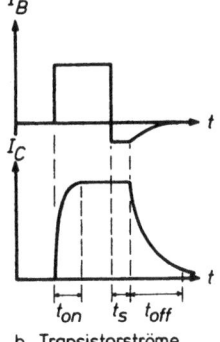
b. Transistorströme

Fig. 5.2 Schalterbetrieb einer Emitterschaltung

wird. Der Einfluß der Schaltung ist neben den strombestimmenden Widerständen durch die Einwirkung von Leitungskapazitäten gegeben. Das Aufladen bzw. Entladen eines Kondensators über einen Widerstand ergibt bekanntlich einen exponentiellen Spannungsanstieg am Kondensator (Fig. 5.3). Das Produkt $T = R \times C$ ist die Ladezeitkonstante. Für die Ein- und Ausschaltzeiten gilt in guter Näherung $t_{on}(t_{off}) \approx 3 \times R \times C$. Größere Leitungskapazitäten müssen daher in Schaltkreisen durch Verkleinerung des Ladewiderstandes (beim Einschalten: der Widerstand des Transistors $R_i \approx U_{CE\ sat}/I_C$, beim Ausschalten der Lastwiderstand R_{CC}) ausgeglichen werden.

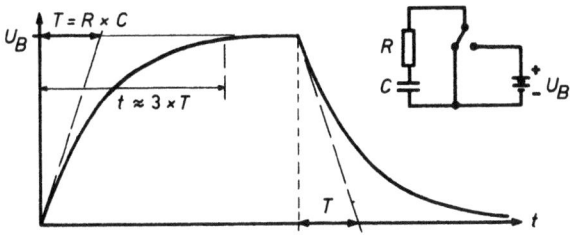

*Fig. 5.3
Spannungsverlauf beim Auf- und Entladen einer Kapazität C.*

Von den Transistoreigenschaften ist neben dem Widerstand R_i ($\approx U_{CE\;sat} / I_C$) die Abhängigkeit der Stromverstärkung von der Frequenz wichtig. Ein Rechteckimpuls kann nach der Fouriermethode aus Sinusfrequenzen zusammengesetzt werden

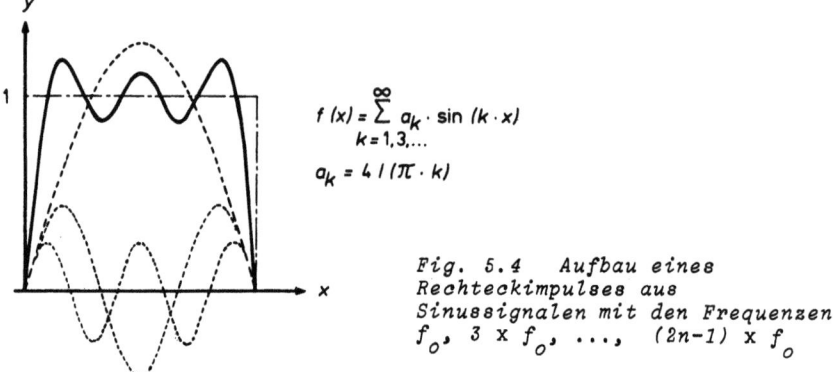

Fig. 5.4 Aufbau eines Rechteckimpulses aus Sinussignalen mit den Frequenzen f_o, $3 \times f_o$, ..., $(2n-1) \times f_o$

(Fig. 5.4). Dabei ist die Steilheit der Impulsflanken umso größer, je mehr Vielfache der Grundfrequenz f_o vom Transistor noch verstärkt werden. Für den Schalterbetrieb in elektronischen Rechenanlagen geeignete Transistoren müssen daher eine hohe Grenzfrequenz haben.

Definition der Schaltzeiten:

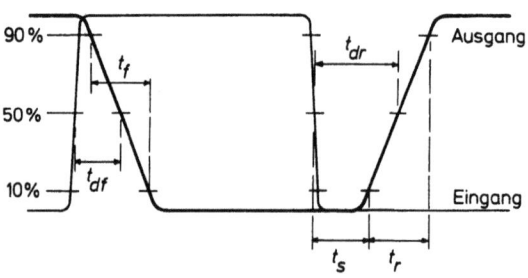

t_f	(t_{on})	Einschaltzeit	t_{df} (t_{d-})	Einschaltverzögerungszeit
t_r	(t_{off})	Ausschaltzeit		
t_s		Speicherzeit	t_{dr} (t_{d+})	Ausschaltverzögerungszeit

5.2 Messungen

Meßobjekte: pnp - Germanium - Transistor
npn - Germanium - HF - Transistor

1. Messen Sie mit Schaltung 5.1 den Kollektor-Reststrom I_{CEo} in Abhängigkeit von der Gehäusetemperatur.
Einzustellende Temperaturen:

T =	30	40	50	60	70	80	°C
I_{CEo} =	32	87	230	560	1400	3400	µA

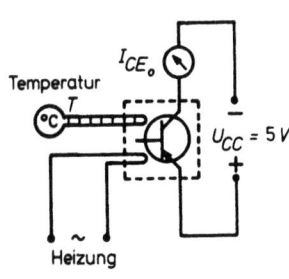

Schaltung 5.1

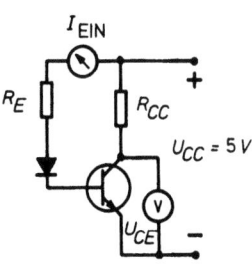

Schaltung 5.2
(Vgl. Fig. 6.4)

2.a. Messen Sie in der Schaltung 5.2 den Strom I_{EIN}, der über die Basis des eingeschalteten Transistors fließt, und die Spannung $U_{CE\ sat}$.

$I_{EIN} = 1.41$ mA $\qquad U_{CE\ sat} = 0.017$ V

b. Messen Sie in der Schaltung 5.3 den Strom $I = I_{st\ Ein}$, bei dem U_{CE} gleich 10 % von U_{CC} ist.

$I_{st\ EIN} = 1.35$ mA $\qquad U_{CE} = 0.5$ V

3.a. Messen Sie in der Schaltung 5.4 den Strom I_{AUS}, bei dem der Transistor ausgeschaltet ist, und die Spannung U_{CE}.

$I_{AUS} = 1.9$ mA $\qquad U_{CE} = 5.0$ V

b. Messen Sie in der Schaltung 5.3 den Strom $I = I_E$
($I_{st\ AUS} = I_{AUS} - I_E$), bei dem U_{CE} gleich 90 % von U_{CC} ist.

I_E = 1.42 mA $\qquad U_{CE}$ = 4.5 V
$I_{st\ AUS}$ = 0.48 mA

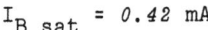

Schaltung 5.3   Schaltung 5.4
(Vgl. Fig. 6.4)   (Vgl. Fig. 6.4)

4. Regeln Sie in der Schaltung 5.5 den Strom I_B mit der Konstantstromquelle so ein, daß der Transistor gerade bis an die Sättigung einschaltet, d. h., daß die Spannung U_{CE} zwischen den Schaltimpulsen gerade noch den Wert 0 V erreicht. Lesen Sie den Wert $I_{B\ sat}$ ab.

$$I_{B\ sat} = 0.42\ mA$$

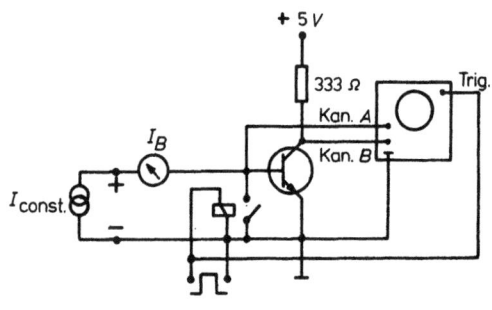

Schaltung 5.5

5. Messen Sie mit der Schaltung 5.5 die Schaltzeiten t_f, t_{df}, t_s, und t_{dr} des Transistors für

$\dfrac{I_B}{I_{B\,sat}} =$	t_f µs	t_s µs	t_{dr} µs	t_{df} µs	$t_{dr} + t_{df}$ µs
1.0	6.5	0	0.12	0.9	1.02
1.5	1.2	0.05	0.16	0.45	0.61
2.0	0.7	0.09	0.19	0.28	0.47
3.0	0.4	0.16	0.27	0.16	0.43
4.5	0.24	0.25	0.36	0.11	0.49
6.0	0.18	0.33	0.44	0.09	0.53
8.0	0.14	0.43	0.54	0.06	0.6
10.0	0.11	0.5	0.62	0.05	0.67
15.0	0.07	0.7	0.8	0.036	0.836

5.3 Auswertung

1. Zeichnen Sie nach den Meßwerten aus 5.2.1 den Sperrstrom I_{CEo} abhängig von der Transistor-Temperatur T. Welcher Zusammenhang besteht zwischen dem Sperrstrom I_{CEo} und der Temperatur?

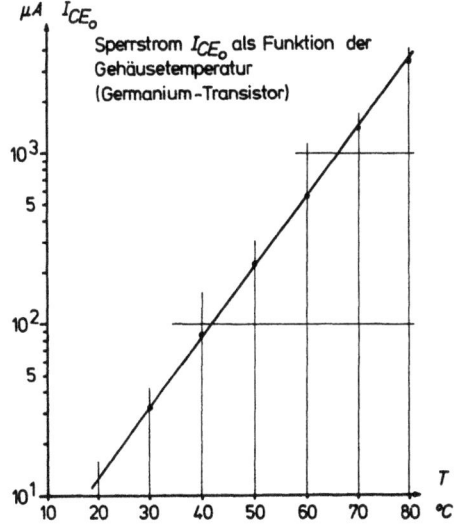

Sperrstrom I_{CEo} als Funktion der Gehäusetemperatur (Germanium-Transistor)

Der lineare Zusammenhang zwischen der Temperatur T und dem logarithmisch aufgetragenen Sperrstrom I_{CEo} bedeutet im untersuchten Temperaturbereich

$$I_{CEo} \sim e^T.$$

2. Berechnen Sie für die Schaltung 5.4 (R_{CC} = 1 kΩ) die Größe der Ausgangsspannung U_{CE}, wenn die Transistortemperatur 20°C bzw. 70°C beträgt (Ge-Trans.).

   $T = 20°C \qquad I_{CEo} = 1.3 \times 10^1$ µA
   $T = 70°C \qquad I_{CEo} = 1.4 \times 10^3$ µA

   $U_{CE} = U_{CC} - R_{CC} \times I_{CEo}$

   $U_{CE20} = 5 - 10^3 \times 1.3 \times 10^{-5} = 4.987$ V
   $U_{CE70} = 5 - 10^3 \times 1.4 \times 10^{-3} = 3.6$ V

   Mit zunehmender Temperatur sinkt der Sperrwiderstand des Transistors, der Transistor schaltet nicht mehr vollständig zwischen den Zuständen "Ein" ($U_{CE} \approx 0$) und "AUS" ($U_{CE} \approx U_{CC}$) um.

3. Berechnen Sie die Störsicherheit der Zustände "Ein" und "AUS" entsprechend $S = (I_{st}/I) \times 100$ %.

   Zustand "Ein" $\quad S = 100 \times 1.35/1.41 = 96$ %
   Zustand "Aus" $\quad S = 100 \times 0.48/1.9 = 25$ %

4. Zeichnen Sie mit den Meßwerten aus 5.2.5 die Schaltzeiten t_f und t_s als Funktion der Basisstromübersteuerung $I_B / I_{B\,sat}$.

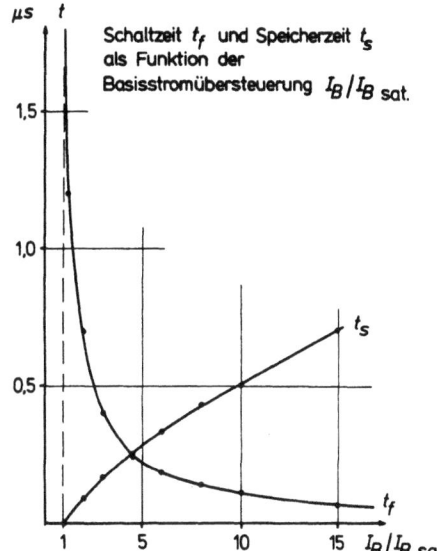

5. Zeichnen Sie mit den Meßwerten aus 5.2.5 die Zeiten t_{dr}, t_{df} und $t_{dr} + t_{df}$ als Funktion der Basisstromübersteuerung.

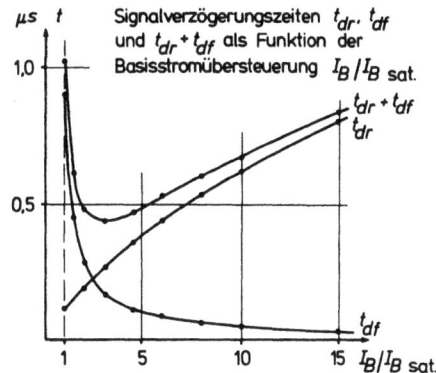

6. Wie groß sind die Werte α und β des Transistors?

Für $I_B = I_{B\,sat}$ gilt:

$$U_{CE} \approx 0 : I_C = 5\ V/333\ \Omega = 15\ mA$$
$$\beta = I_C/I_B = 15/0.45 = 33.3$$

nach Aufg. 2 gilt:

$$\beta = \frac{\alpha}{1 - \alpha} \Rightarrow \alpha = \frac{\beta}{\beta + 1}$$

$\alpha = 33.3/34.3 = 0.97.$

6 Integrierte Transistor-Schaltkreise

6.1 Allgemeine Grundlagen

Digitale, elektronische Rechenanlagen können aus nur 3 verschiedenen Grundkomponenten, sogenannten Verknüpfungsgattern, aufgebaut werden, die die drei logischen Funktionen Konjunktion (UND - Gatter[1]), Disjunktion (ODER - Gatter) und Negation (NICHT - Gatter) realisieren. Wie Fig. 6.1 zeigt, wird den Gattern eine bestimmte Situation durch die Betätigung von Eingangsschaltern vorgegeben, während die Art der Verknüpfung durch die jeweilige Schaltung gegeben ist.

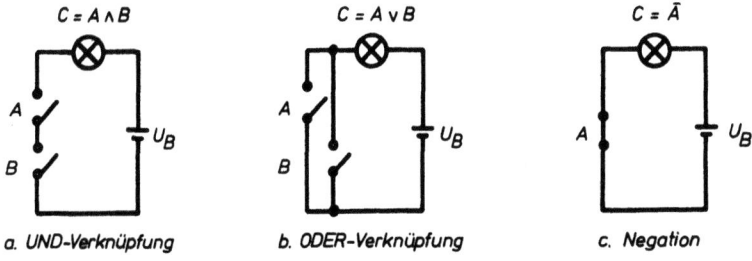

a. UND-Verknüpfung   b. ODER-Verknüpfung   c. Negation

Fig. 6.1 Logische Grundfunktionen

In der Schaltung der Fig. 6.1a sind die beiden Schalter in Reihe geschaltet. Am Ausgang der Schaltung entsteht daher nur dann ein Signal C (die Lampe leuchtet auf), wenn die Eingangsschalter A und B geschlossen werden. Die Schaltung realisiert somit die Boole'sche Beziehung $C = A \wedge B$. In der Schaltung der Fig. 6.1b sind die Schalter parallel geschaltet. Am Ausgang erscheint nun bereits dann ein Signal C,

---

[1] Die Bezeichnung "Gatter", in technischen Veröffentlichungen noch überwiegend, lehnt sich eng an die anglo-amerikanische Bezeichnung an. Die DIN-Bezeichnung ist "Verknüpfungsglied".

wenn nur ein Schalter, der Schalter A oder der Schalter B, geschlossen wird. Die Schaltung realisiert daher die Boole'sche Beziehung C = A $\vee$ B. Die Schaltung der Fig. 6.1c schließlich besteht nur aus einem Schalter, der im Ruhezustand geschlossen ist. Am Ausgang ist daher ein Signal C vorhanden. Wird nun der Schalter A betätigt, so wird der Schalter geöffnet und das Signal C verschwindet. Es wird also die Boole'sche Beziehung C = $\overline{A}$ realisiert.

Das Ergebnis ihrer logischen Verknüpfung zeigen Gatter am Ausgang durch eine elektrische Spannung an. Statt der anschaulichkeitshalber in Fig. 6.1 benutzten Taster oder Schalter, werden in elektronischen Rechenanlagen Schalttransistoren oder Dioden verwendet, deren Schaltzustände "EIN" ("Leitend") und "AUS" ("Nicht leitend") durch elektrische Signale, die Eingangs- oder Steuerspannungen, eingestellt werden können. Als Zuordnung der Binärwerte "O" und "L" zu den Spannungswerten soll im folgenden gelten:
"L" = positivere Spannung
"O" = negativere Spannung als für den Binärwert "L"

Die elektronischen Schaltelemente können nicht immer wie die Schalter der Fig. 6.1 unmittelbar miteinander verbunden werden. In der Regel müssen Arbeits- und Entkopplungswiderstände bzw. Dioden zwischen und vor die Transistoren geschaltet werden. Daraus ergibt sich eine Vielzahl von Schaltungsmöglichkeiten, deren gebräuchlichsten im folgenden kurz bezüglich Aufbau, Vor- und Nachteilen beschrieben sind. Dabei zeigt sich, daß keine von ihnen alle Vorteile ein- und alle Nachteile ausschließt. Je nach den Anforderungen muß die optimale Schaltungsart ausgewählt werden.

1. DCTL - Technik (direct coupled transistor logic)

Wie Fig. 6.2 zeigt, steuern die Eingänge direkt miteinander verbundene Transistoren. Bei Serienschaltung der Transistoren (Fig. 6.2a) ergibt sich unmittelbar eine UND-Verknüpfung, da erst dann, wenn sowohl Transistor

T_A als auch Transistor T_B leitend ist (positive Eingangsspannung an A und B) das Ausgangspotential geändert wird. Da bei positiver Aussteuerung der npn-Transistoren sich die Kollektor-Emitterspannung verringert, senkt sich das Ausgangspotential in negativer Richtung. Daher hat die Schaltung auch die Eigenschaft eines Negators. Die Schaltung in Fig. 6.2a ist somit ein NAND - Gatter. Bei Parallelschaltung (Fig. 6.2b) hingegen ergibt sich ein NOR - Gatter.

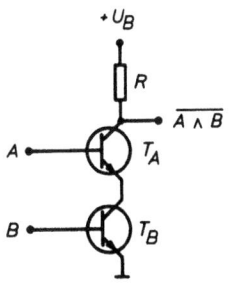
a. NAND-Gatter (UND-Verknüpfung mit Negation)

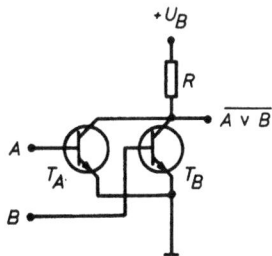
b. NOR-Gatter (ODER-Verknüpfung mit Negation)

Fig. 6.2   DCTL - Technik

Vorteile:

1. Einfache Herstellung, keine Dioden.
2. Wegen der geringen Anzahl von Schaltkreiselementen kann die Betriebsspannung niedrig, üblicherweise 3.6 V, sein.
3. Wegen der niedrigen Betriebsspannung ist die Verlustleistung der Schaltung gering.
4. Da die Eingangsspannungen direkt an der Basis der Transistoren anliegen, ist trotz kleiner Signalspannung eine geringe Signalverzögerung zwischen Eingang und Ausgang möglich.

Nachteile:

1. Der Sperrstrom der Kollektor-Basisdiode der Transistoren muß sehr gering sein, damit, besonders

bei Parallelschaltung mehrerer Transistoren, bei
höheren Temperaturen das Ausgangspotential nicht
zu weit absinkt.
2. Wegen der unvermeidlichen Streuung der Verstärkung
und der zum Einschalten der Transistoren notwendigen Basisströme ergeben sich für die einzelnen
Eingänge unterschiedliche Übertragungskennlinien
$U_A = f(U_E)$.
3. Der Spannungsunterschied zwischen den Spannungen
für "O" und "L" ist klein gegenüber der Betriebsspannung, da die Ausgangsspannung durch den Eingang
(Basis - Emitter - Diode) eines nachfolgenden
Gatters auf etwa 0.7 V begrenzt wird.
4. Wegen der geringen Betriebs- und Signalspannungen
sind DCTL - Schaltungen empfindlich gegen Störspannungen.
5. Da in den DCTL - Schaltungen die Transistoren gewöhnlich weit in die Sättigung ausgesteuert werden,
ist die Einschaltverzögerung t_{df} klein, die Ausschaltverzögerung t_{dr} wegen der längeren Speicherzeit groß. Die Signalverzögerung ist sehr ungleich.

2. RTL - Technik (resistor - transistor - logic)

Die RTL - Technik unterscheidet sich, wie Fig. 6.3 zeigt,
von DCTL darin, daß die Eingänge über Widerstände angeschlossen werden. Die Wirkungsweise der Schaltung in
Fig. 6.3 entspricht der der Fig. 6.2 b. Die Eingangswiderstände vermeiden in erster Linie die Nachteile der Fertigungsstreuung der Basisströme. Dies beruht darauf, daß
für die Höhe des Steuerstromes I_B nun nicht mehr allein
der Durchlaßwiderstand der Emitter - Basis - Diode R_{EB}
sondern auch der vorgeschaltete Widerstand maßgebend
ist.

Vorteile:

1. Im Vergleich zu DCTL - Schaltungen geringere Empfindlichkeit gegen Schwankungen in den Transistorwerten.

2. Größerer Spannungshub zwischen "O" und "L".
3. Geringere Empfindlichkeit gegen Störspannungen.

Nachteile:

1. Die zusätzlichen Widerstände verteuern die Herstellung.
2. Die Ausgangsspannung für "L" ist wegen der Spannungsteilung an R_1 und R_A', R_A'', ..., abhängig von der Zahl der angeschlossenen Eingänge A', A", ..., nachfolgender Gatter.
3. Die Schaltgeschwindigkeit der Transistoren wird nicht voll ausgenutzt, da die Eingangswiderstände mit den Sperrschichtkapazitäten RC - Glieder mit schaltverzögernden Zeitkonstanten bilden. Die RTL - Technik findet daher Anwendung in Schaltungen mit mittlerer bis großer Signalverzögerung bei geringem Leistungsverbrauch.

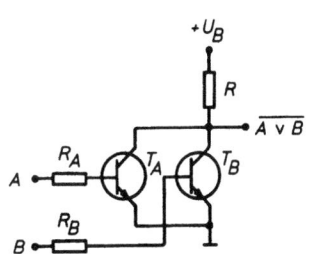
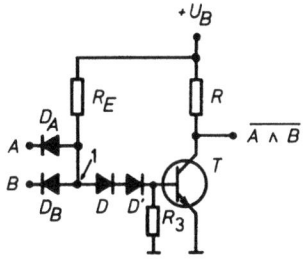

Fig. 6.3 RTL-NOR-Gatter   *Fig. 6.4 DTL-NAND-Gatter*

3. DTL - Technik (diode - transistor - logic)

Fig. 6.4 zeigt ein NAND - Gatter in DTL - Technik. Liegt bei einer der Eingangsdioden, z. B. der Diode A, an der Kathode 0 V (Eingangswert "O"), so wird diese Diode leitend. Um geringe Sperrströme zu erhalten, wird für die Herstellung integrierter Schaltkreise Silizium verwendet. Der Punkt 1 (Anode der Diode A) hat daher ein Potential von etwa 0.7 V.

Damit die Dioden D und D' leitend sein können, wäre aber eine Spannung von 2 x 0.7 V = 1.4 V am Punkt 1 erforderlich. Der Transistor T erhält daher keinen Basisstrom und ist gesperrt; die Ausgangsspannung ist gleich der Betriebsspannung. Liegt jedoch an beiden Eingängen +U_B, so sind die Eingangsdioden gesperrt. Der Punkt 1 liegt daher über R_E an +U_B (> 1.4 V). Die Dioden D und D' sind leitend, über den Transistor fließt Basisstrom, der Transistor ist leitend. Die Ausgangsspannung ist daher gleich $U_{CE\ sat} \approx 0$ V. Da der Ausgang nur dann "0" ist, wenn beide Eingänge "L" sind, realisiert die Schaltung die NAND - Verknüpfung.

Vorteile:

1. Der Ausgang wird nur dann belastet, wenn der Transistor leitet. Die Ausgangsspannung ist daher nur gering abhängig von der Zahl der angeschlossenen, nachfolgenden Eingänge.
2. Der Spannungshub zwischen "0" und "L" ist praktisch gleich der Betriebsspannung.
3. Die Störspannungsschwelle liegt relativ hoch und kann durch Serienschaltung weiterer Dioden zu D und D' erhöht werden.
4. Die Schaltung ist weitgehend unempfindlich gegen Streuungen der Transistordaten.

Nachteile:

1. Wegen des hohen Anteils an Widerständen und Dioden liegen die Kosten von DTL - Schaltungen über denen der RTL - Technik.
2. Die Zeitkonstanten beim Einschalten (R_i x C, R_i = $U_{CE\ sat}/I_C$) und Ausschalten (R x C, R $\gg R_i$) des Transistors sind sehr ungleich.
3. Die Zahl der zulässigen Eingangsdioden wird durch den Sperrstrom der Dioden begrenzt.

4. TTL - Technik

Die TTL - Technik entsteht, wie Fig. 6.5a zeigt, aus
der DTL - Technik durch Verwendung von Transistoren als
Eingangsschaltelemente. Dabei wird die Emitter - Basis -
Diode als Eingangsdiode und die Kollektor - Basis - Diode

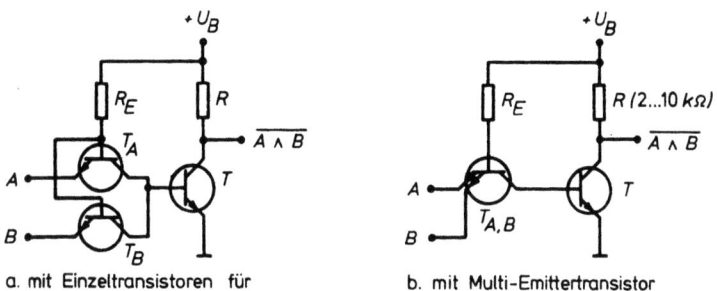

a. mit Einzeltransistoren für jeden Eingang

b. mit Multi-Emittertransistor als Eingang

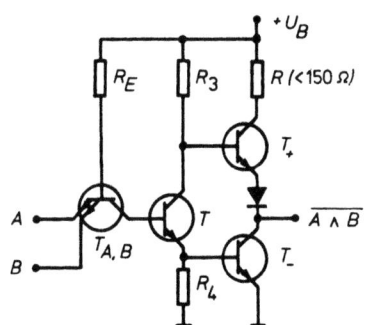

c. industrielle, erweiterte Schaltung

Fig. 6.5 TTL-NAND-Gatter

des gleichen Transistors als Störschwellendiode D benutzt. Da diese Diode jedoch nur einmal für alle Eingänge benötigt wird, können alle Eingangstransistoren der Fig. 6.5a entsprechend Fig. 6.5b zu einem "Multiemittertransistor", der nur eine Kollektor - Basis - Diode und zu jedem Eingang eine Basis - Emitter - Diode besitzt, zusammengefaßt werden. Nachteilig an der Schaltung der Fig. 6.5b ist jedoch wie bei der DTL -

Schaltung der verhältnismäßig hochohmige Widerstand R zur positiven Betriebsspannung, durch den die Schaltzeiten unsymmetrisch werden. Die Industrie hat daher erweiterte Schaltungen (Fig. 6.5c) entwickelt, bei denen der hochohmige Widerstand R durch einen niederohmigen Widerstand und einen Transistor ersetzt wird. Aus dieser Schaltungsänderung resultieren symmetrischere Schaltzeiten durch Verkleinerung der Schaltzeit t_r.

Vorteile:

1. Durch den Fortfall des Widerstandes R_3 der Fig. 6.4 mit seiner Streukapazität ergeben sich höhere Schaltgeschwindigkeiten.
2. Die Schaltung kann auch mit niedrigen Betriebsspannungen arbeiten.

Nachteile:

1. Durch die Verstärkungswirkung des Multiemittertransistors ist die Eingangsentkopplung nicht ganz so gut wie bei DTL - Schaltungen.
2. Der Spannungshub zwischen "0" und "L" ist bei Schaltungen nach Fig. 6.5c geringer als der der DTL - Schaltungen.
3. Die Störspannungsschwelle ist geringer als die der DTL - Schaltungen.

5. CML - Technik (current mode logic) und ECTL - Technik (emitter-coupled-transistor-logic), auch ECL - Technik (emitter-coupled-logic oder emitter-current-logic).

Die bisher erläuterten Schaltungstechniken haben als gemeinsames Merkmal, daß die Schaltungstransistoren durch die Eingangssignale (Basisströme) bis in die Sättigung durchgesteuert werden. Dadurch ergibt sich ein verhältnismäßig einfacher Schaltungsaufbau mit geringen Anforderungen an die Genauigkeit der Schaltelemente, doch

geht dies auf Kosten der Schaltgeschwindigkeit, da die
Übersteuerung die Speicherzeit t_s erhöht.

Um dies zu vermeiden, wurden Schaltkreise entwickelt,
deren Transistoren nicht in der Sättigung betrieben
werden. Die hierfür gebräuchlichste Schaltungstechnik
verwendet als Grundelement eine Schaltung entsprechend
Fig. 6.6, in der sich der Transistor T_1 und der Eingangstransistor T_A den Strom teilen, der ihnen ständig über
den gemeinsamen Emitterwiderstand R_3 zufließt. Damit
dies möglich ist, muß die Basis von T_1 stets auf einem
Potential $-U_{B2}$ gehalten werden, das positiver als das des
Emitters ist, so daß T_1 in jeder Betriebsphase leitend
ist. Wird T_A mit einer Spannung niedriger als $-U_{B2}$
(Eingangswert "O") angesteuert, so ist die Leitfähigkeit von T_A geringer als die von T_1. Der über R_3
fließende Strom fließt daher überwiegend durch T_1 und
R_1. Daher ist das Potential am Kollektor von T_1, Ausgang A, niedrig (Ausgangswert "O"). Wird der Transistor
T_A jedoch mit einer Spannung positiver als $-U_{B2}$ (Eingangswert "L") angesteuert, so ist seine Leitfähigkeit
größer als die von T_1, der Strom fließt vorzugsweise
über T_A und R_2. Da nun weniger Strom über T_1 und R_1

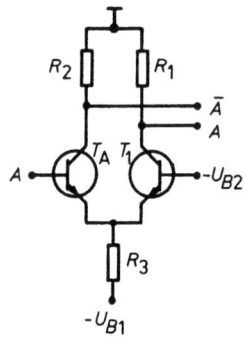

Fig. 6.6
CML - Technik

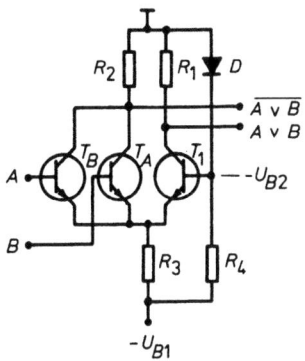

Fig. 6.7
ECTL-Gatter (Erweite-
rung der CML-Technik
durch einen weiteren
Eingangstransistor)

fließt, steigt das Potential am Ausgang A (Ausgangswert "L"). Durch den vermehrten Strom über T_A sinkt das Potential am Kollektor von T_A (Ausgangswert "O" am Ausgang $\bar{A}$). Das Signal am Ausgang A ist somit identisch mit dem Eingangssignal, das am Ausgang $\bar{A}$ negiert dazu.

Die Zahl der Eingänge kann, wie Fig. 6.7 zeigt, durch Parallelschaltung von Transistoren zum Transistor T_A erhöht werden. Um wie die übrigen Techniken mit nur einer Betriebsspannung auszukommen, wird häufig, wie in Schaltung 6.7, die Hilfsspannung $-U_{B2}$ gatterintern aus der Betriebsspannung $-U_{B1}$ erzeugt.

Vorteile:

1. Die CML/ECL - Schaltungen haben die geringsten Signalverzögerungen.
2. Da Spannungshub, Anstiegs- und Abfallzeit unabhängig von Streuungen der Transistordaten sind, können diese Werte in engen Grenzen garantiert werden.
3. Die Verfügbarkeit negierter Ausgänge (NOR zu OR, NAND zu AND) bietet große Freiheit beim Systementwurf.

Nachteile:

1. Der Schaltelementeaufwand einer vollständigen Schaltung (Fig. 6.7 c) ist hoch.
2. Da in jeder Betriebsphase Strom fließt, ist die Verlustleistung hoch.
3. Da die Ströme über die Widerstände R_1 und R_2 nur verändert nicht aber ein- und ausgeschaltet werden, ist der Spannungshub zwischen "O" und "L" gering.
4. Die Störspannungsschwelle ist ebenfalls niedrig.

Wie bereits eingangs erwähnt, müssen die Gattertypen nach den jeweiligen Anforderungen ausgewählt werden. Um diese Auswahl zu erleichtern, werden die Gatter durch eindeutig definierte Kennwerte spezifiziert, von denen die wichtigsten im folgenden kurz erläutert werden.

1. Versorgungsspannung
   a. maximale Betriebsspannung
      Transistoren integrierter Schaltkreise sind auf hohe
      Schaltgeschwindigkeiten, d. h. auf geringe Sperr-
      schichtkapazitäten, hin entwickelt worden. Daraus
      resultiert eine geringe Spannungsfestigkeit der Tran-
      sistoren. Die maximale Betriebsspannung liegt daher
      gewöhnlich nur geringfügig über der
   b. Betriebsspannung U_B
      Alle weiteren Kennwerte werden nur bei dieser Spannung
      gemessen. Sie ist üblicherweise für

RTL	3.6 V
DTL, TTL	5.0 V
CML	-5.2 V

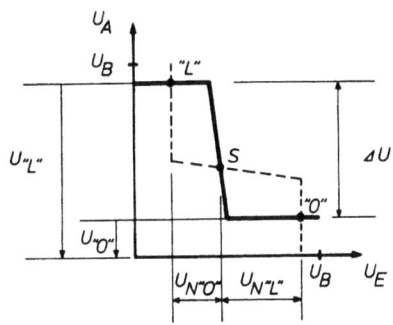

Fig. 6.8
Spannungsdefinitionen mittels
der Übertragungskennlinie
$U_A = f(U_E)$

2. Ausgangsspannungen
   a. Ausgangsspannung bei "O" $U_{"O"}$
   b. Ausgangsspannung bei "L" $U_{"L"}$
   c. Signalhub $\Delta U = U_{"L"} - U_{"O"}$

   Diese Spannungen sind entsprechend der Fig. 6.8 definiert.
   Die gestrichelte Kurve entsteht aus der durchgezogenen
   Kurve durch Vertauschen der Achsen U_A und U_E entsprechend
   der Verwendung der Ausgangsspannung U_A eines Gatters als
   Eingangsspannung U_E des nachfolgenden Gatters. Der Schnittpunkt beider Kurven ist der Umschaltpunkt S.

3. Störabstand (Noise immunity)
   a. Störabstand $U_{N"O"}$ (Eingangswert "O")
   b. Störabstand $U_{N"L"}$ (Eingangswert "L")
   Die Störabstände sind ebenfalls in Fig. 6.8 definiert und geben die zulässige Größe einer Störspannung an, die, ohne daß das Gatter umschaltet, der jeweiligen Eingangsspannung überlagert sein darf.
4. Schaltzeiten
   a. Abfallzeit t_f
   b. Anstiegszeit t_r
   Diese Zeiten sind in Fig. 6.9 definiert. Ebenso wie die
5. Signalverzögerungszeiten
   a. Abfallverzögerungszeit t_{df}
   b. Anstiegsverzögerungszeit t_{dr}
   c. mittlere Signalverzögerungszeit $\bar{t}_d = (t_{df} + t_{dr})/2$

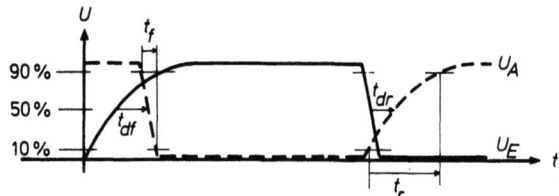

Fig. 6.9
Schaltzeit- und Verzögerungszeit-
Definitionen

6. Verlustleistung
   a. Verlustleistung $P_{"O"}$ (Ausgangswert "O")
   b. Verlustleistung $P_{"L"}$ (Ausgangswert "L")
   ($P = I \times U_B$, I: Gleichstrom aus der Stromversorgung)
   c. mittlere Verlustleistung je Gatter
   $P_G = (P_{"O"} + P_{"L"}) / (2 \times k)$
   (k = Anzahl der Gatter je Gehäuse[1]).

Da bei jedem Umschaltvorgang Kapazitäten umgeladen werden müssen, hierfür jedoch jedesmal Zeitkonstanten der Form

---
[1] In einem Gehäuse können je nach Technologie derzeit bis zu 6 Gatter vereinigt sein.

R x C maßgebend sind, hängen die Schaltzeiten nicht nur
von der Schaltungsart, z. B. DTL oder TTL, sondern auch
von der Größe der verwendeten Widerstände ab. Kleine Widerstände bedeuten geringere Schaltzeiten, aber auch, da bei
konstanter Betriebsspannung nun ein höherer Strom durch die
Gatter fließt, eine höhere mittlere Verlustleistung. Für
die Techniken DCTL, RTL, DTL und TTL wird daher manchmal
auch das Produkt Verlustleistung x Signalverzögerungszeit
P_G x $\bar{t}_d$ spezifiziert.

6.2 Messungen

Meßobjekte: integrierter RTL - Schaltkreis
integrierter DTL - Schaltkreis
integrierter TTL - Schaltkreis
integrierter ECL - Schaltkreis

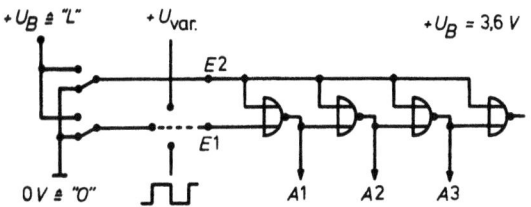

Schaltung 6.1   RTL-Meßschaltung

1.a. Messen Sie mit der Schaltung 6.1 für die 4 möglichen
Wertekombinationen der Eingänge E1 und E2 die Ausgangsspannung U_{A1} des RTL - Schaltkreises. Schreiben
Sie zu jedem Spannungswert den logischen Wert entsprechend der vorne angegebenen Zuordnung.

E1	=	"O"	"O"	"L"	"L"
E2	=	"O"	"L"	"O"	"L"
U_{A1}	=	2.0	0.14	0.14	0.14 V
A1	=	"L"	"O"	"O"	"O"

b. Ersetzen Sie in Schaltung 6.1 den Schalter von E1 durch eine variable Spannung U_{var} und messen Sie für E2 = "0" die Ausgangsspannung U_{A1} in Abhängigkeit von der Eingangsspannung U_{E1}.

U_{E1} =   0   0.2   0.5   0.6 0.7   0.8   0.9   1.0   2.0   V
U_{A1} = *2.0 2.0 1.95 1.6 0.3 0.17 0.16 0.14 0.14* V

c. Messen Sie den von der gesamten RTL - Meßschaltung aufgenommenen Strom für E1 = E2 = "0".
I = *18* mA

d. Ersetzen Sie in Schaltung 6.1 den Schalter vor dem Eingang E1 durch eine Rechteckspannung. Messen Sie die Schaltzeiten t_r und t_f des Signals am Ausgang A3 sowie die Verzögerungszeiten t_{dr} und t_{df} dieses Signals gegenüber dem Signal am Ausgang A2 (E2 = "0").

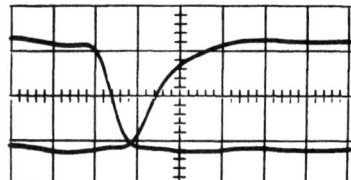 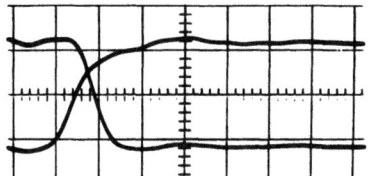

20 ns/cm, 40 % ΔU/cm

t_r = *32* nsec t_f = *14* nsec
t_{dr} = *22* nsec t_{df} = *10* nsec

2.a. Messen Sie mit der Schaltung 6.2 für die 4 möglichen Wertekombinationen der Eingänge E1 und E2 die Ausgangsspannung U_{A1} des DTL - Schaltkreises. Schreiben Sie zu jedem Spannungswert den logischen Wert.

E1 =   "0"   "0"   "L"   "L"
E2 =   "0"   "L"   "0"   "L"
U_{A1} = *4.9   4.9   4.9   0.13* V
A1   *"L"   "L"   "L"   "0"*

b. Ersetzen Sie in Schaltung 6.2 den Schalter vor E1 durch eine variable Spannung $U_{var.}$ und messen Sie für E2 = "L" die Ausgangsspannung U_{A1} in Abhängigkeit von der Eingangsspannung U_{E1}.

U_{E1} =   0   0.8   1.0   1.2   1.3   1.35   1.4   1.45   1.5   5.0   V
U_{A1} = 4.9   4.9   4.9   4.9   4.6   3.7   2.1   1.3   0.15 0.13 V

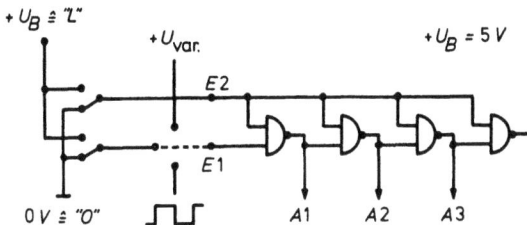

Schaltung 6.2   DTL/TTL-Meßschaltung

c. Messen Sie den von der gesamten DTL - Meßschaltung aufgenommenen Strom für E1 = E2 = "L".
I = 13 mA

d. Ersetzen Sie in Schaltung 6.2 den Schalter vor dem Eingang E1 durch eine Rechteckspannung. Messen Sie die Schaltzeiten t_r und t_f des Signals am Ausgang A3 sowie die Verzögerungszeiten t_{dr} und t_{df} dieses Signals gegenüber dem Signal am Ausgang A2 (E2 = "L").

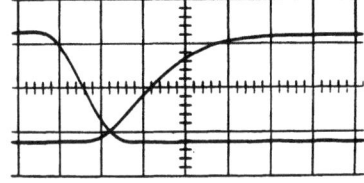 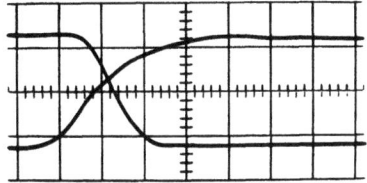

20 ns/cm, 40 % ΔU/cm

t_r = 50 ns t_f = 24 ns
t_{dr} = 32 ns t_{df} = 10 ns

3.a. Messen Sie mit der Schaltung 6.2 für die 4 möglichen Wertekombinationen der Eingänge E1 und E2 die Ausgangsspannung U_{A1} des TTL - Schaltkreises. Schreiben Sie zu jedem Spannungswert den logischen Wert.

E1   =   "O"   "O"   "L"   "L"
E2   =   "O"   "L"   "O"   "L"
U_{A1} = *3.6*   *3.6*   *3.6*   *0.15* V
A1   =   *"L"*   *"L"*   *"L"*   *"O"*

b. Ersetzen Sie in Schaltung 6.2 den Schalter vor E1 durch eine variable Spannung U_{var} und messen Sie für E2 = "L" die Ausgangsspannung U_{A1} in Abhängigkeit von der Eingangsspannung U_{E1}.

U_{E1} = 0 0.4 0.6 0.8 1.0 1.2 1.3 1.4 1.5 4.0 V
U_{A1} = *3.6 3.6 3.6 3.3 3.0 2.7 2.0 1.2 0.15 0.15* V

c. Messen Sie den von der gesamten TTL - Meßschaltung aufgenommenen Strom für E1 = E2 = "L".
I = *8.0* mA

d. Ersetzen Sie in Schaltung 6.2 den Schalter vor dem Eingang E1 durch eine Rechteckspannung. Messen Sie die Schaltzeiten t_r und t_f des Signals am Ausgang A3 sowie die Verzögerungszeiten t_{dr} und t_{df} dieses Signals gegenüber dem Signal am Ausgang A2 (E2 = "L").

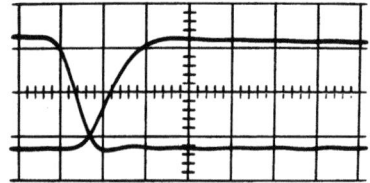 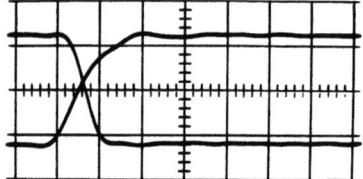

20 ns/cm, 40 % ΔU/cm

t_r = *26* ns t_f = *12* ns
t_{dr} = *18* ns t_{df} = *4* ns

4.a. Messen Sie mit der Schaltung 6.3 für die 4 möglichen
Wertekombinationen der Eingänge E1 und E2 die Ausgangs-
spannungen U_{Ao} und U_{A1} des ECL - Schaltkreises. Schreiben
Sie zu jedem Spannungswert den logischen Wert.

E1	=	"O"	"L"	"O"	"L"	
E2	=	"O"	"O"	"L"	"L"	
U_{Ao}	=	-1.55	-0.75	-0.75	-0.75	V
Ao	=	"O"	"L"	"L"	"L"	
U_{A1}	=	-0.75	-1.55	-1.55	-1.55	V
A1	=	"L"	"O"	"O"	"O"	

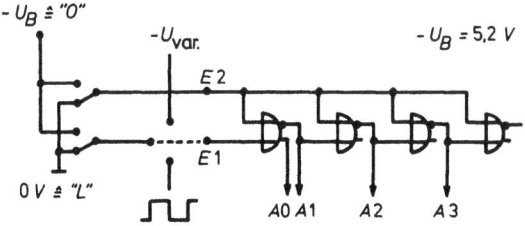

Schaltung 6.3   CML-ECL-Meßschaltung

b. Ersetzen Sie in Schaltung 6.3 den Schalter vor E1
durch eine variable Spannung $-U_{var.}$ und messen Sie
für E2 = "O" die Ausgangsspannungen U_{Ao} und U_{A1} in
Abhängigkeit von der Eingangsspannung U_{E1}.

U_{E1}	=	0	-0.2	-0.4	-0.8	-1.0	V
U_{Ao}	=	-0.75	-0.75	-0.75	-0.75	-0.75	V
U_{A1}	=	-1.5	-1.6	-1.6	-1.53	-1.49	V
U_{E1}	=	-1.1	-1.2	-1.3	-1.7		V
U_{Ao}	=	-0.9	-1.35	-1.55	-1.55		V
U_{A1}	=	-1.25	-0.9	-0.75	-0.75		V

c. Messen Sie den von der gesamten ECL - Meßschaltung
aufgenommenen Strom für E1 = E2 = "O".
I = *40* mA

d. Ersetzen Sie in Schaltung 6.3 den Schalter vor dem
Eingang E1 durch eine Rechteckspannung. Messen Sie die

Schaltzeiten t_r und t_f des Signals am Ausgang A3 sowie
die Verzögerungszeiten t_{dr} und t_{df} dieses Signals
gegenüber dem Signal am Ausgang A2 (E2 = "0").

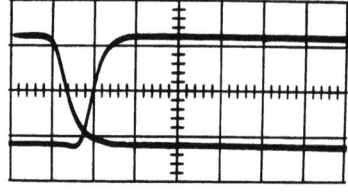

10 ns/cm   40 % ΔU/cm

t_r = 7 ns t_f = 9 ns
t_{dr} = 6 ns t_{df} = 6 ns

6.3 Auswertung

1. Zeichnen Sie für alle gemessenen Schaltkreistechniken die
   Übertragungskennlinien $U_A = f(U_E)$.

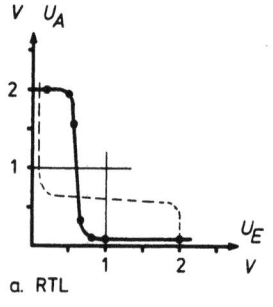

a. RTL

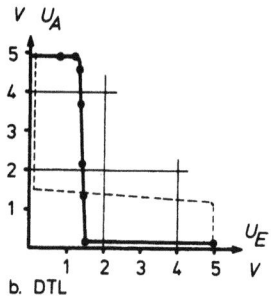

b. DTL

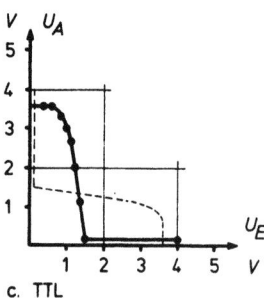

c. TTL

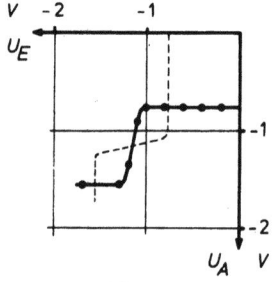

d. ECL - ECTL - ODER

Übertragungskennlinien
$U_A = f(U_E)$

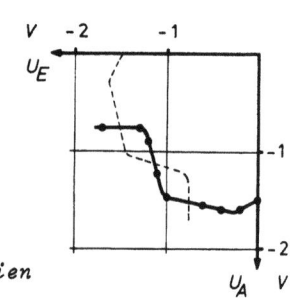

e. ECL - ECTL - NOR

2. Stellen Sie in einer Übersicht für alle gemessenen Schaltkreistechniken folgende Daten zusammen:

Potential der "0" $U_{"0"}$
Potential der "L" $U_{"L"}$
Signalhub ΔU $|U_{"L"} - U_{"0"}|$
Störabstand $U_{N"0"}$
Störabstand $U_{N"L"}$
(bei CML den jeweils ungünstigeren Wert)
mittlere Schaltzeit $(t_r + t_f) / 2$
mittlere Signalverzögerungszeit $\bar{t}_d$
mittlere Verlustleistung / Gatter P_G
sowie den Kennwert $\bar{t}_d \times P_G$.

	RTL	DTL	TTL	ECL	
$U_{"0"}$	0.14	0.13	0.15	-1.55	V
$U_{"L"}$	2.0	4.9	3.6	-0.75	V
$|U_{"L"} - U_{"0"}|$	1.86	4.77	3.45	0.8	V
$U_{N"0"}$	0.55	1.3	1.2	0.36	V
$U_{N"L"}$	1.31	3.47	2.25	0.36	V
$(t_r+t_f)/2$	23	37	19	8	ns
$\bar{t}_d$	16	21	11	6	ns
P_G	16	16	10	52	mW
$\bar{t}_d \times P_G$	156	336	110	312	10^{-12} Ws

7 Integrierte MOS-Feldeffekttransistor-Schaltkreise

7.1 Allgemeine Grundlagen

Neben die derzeit beherrschenden Techniken Dioden-Transistor-Logik (DTL) und Transistor-Transistor-Logik (TTL) ist inzwischen eine neue Technik mit komplementären MOS - Transistoren (MOS = Metal Oxide Semiconductor, eine Bauvariante der Feldeffekt-Technik) getreten. Während die ersten Techniken auf hohe Schaltgeschwindigkeit hin entwickelt worden sind, allerdings mit dem Nachteil hoher Verlustleistung je Gatter, ist die komplementärsymmetrische MOS-Logik in idealer Weise für alle Anwendungen geeignet, bei denen
    möglichst niedriger Leistungsverbrauch
    große Unempfindlichkeit gegen Störungen und
    eine große Ausgangsverzweigung (Fan out)
benötigt werden. Dafür sind jedoch beim derzeitigen Stand der Technik die Schaltzeiten ungefähr um den Faktor 10 langsamer als die der DTL- bzw. der TTL-Technik.

Die hohe Verlustleistung z. B. der DTL-Technik resultiert daraus, daß beim Ausgangswert "0" ständig Strom über den Ausgangswiderstand und den eingeschalteten Ausgangstransistor fließt. Ebenso fließt beim Eingangswert "0" ständig Strom über die Eingangsdiode und den nachfolgenden Widerstand an der positiven Betriebsspannung. Beide Ströme können vermieden werden, wenn eine Schaltung mit komplementären MOS-Transistoren wie die der Fig. 7.1 aufgebaut wird. Der n-Kanal-Transistor ersetzt den Ausgangstransistor, der p-Kanal-Transistor den Ausgangswiderstand der DTL-Schaltung. Wie die Kennlinien zur Fig. 7.1 zeigen, ist stets einer der beiden MOS-Transistoren gesperrt; es fließt daher im Ruhezustand nur ein Strom in der Größenordnung des Sperrstromes.

Ein Eingangsstrom fließt ebenfalls nicht, da der Eingangswiderstand von MOS-Schalttransistoren bei etwa 10^{12} Ohm liegt und keine koppelnde Bauelemente notwendig sind.

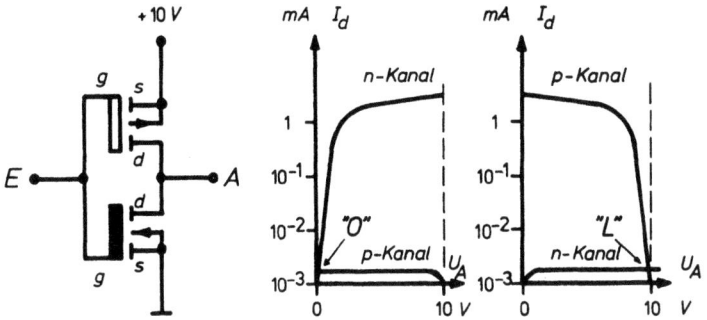

Fig. 7.1
Grundschaltung und Kennlinien eines MOS-Negators

Fig. 7.1 zeigt als Grundelement der MOS-Logik einen Negator. Diese Anordnung verwendet einen an die positive Betriebsspannung angeschlossenen MOS-p-Kanal-Transistor und in Serie einen komplementären MOS-n-Kanal-Transistor zum Massepotential. Liegt am Eingang die Spannung 0 V, so ist, wie Aufgabe 3 gezeigt hat, der untere n-Transistor gesperrt. Für den oberen p-Transistor bedeutet jedoch die Eingangsspannung 0 V eine Gate-Source-Spannung von -10 V, bei der der Transistor leitend ist. Der Ausgang A liegt also über den Bahnwiderstand des p-Transistors an +10 V, ist also positiv. Wechselt nun die Eingangsspannung nach +10 V, so sperrt der p-Transistor, da seine Spannung U_{GS} gleich 0 V geworden ist. Der n-Transistor hat hingegen eine Spannung U_{GS} = +10 V und leitet. Der Ausgang liegt jetzt über den Bahnwiderstand des n-Transistors an Masse, ist nun also 0 V. Da die MOS-Transistoren nahezu ideale spannungsgesteuerte Schalter sind, fließt kein Eingangsstrom. Es fließt daher auch kein Ausgangsstrom, der an den Bahnwiderständen einen Spannungsabfall erzeugen würde. Die Ausgangsspannung ist daher entweder 0 V oder 10 V, der Spannungshub zwischen den Ausgangswerten "0" und "L" ist somit genau gleich der Betriebsspannung und, da die Eingänge den Ausgang der vor-

hergehenden Einheit strommäßig nicht belasten, können an einen Ausgang viele nachfolgende Eingänge angeschaltet werden.
Die Zahl der an einen Ausgang angeschalteten Eingänge beeinflußt jedoch stark die erreichbaren, minimalen Schaltzeiten, da jeder Eingang den Ausgang beim Umschalten bauartbedingt kapazitiv belastet. Beim gegenwärtigen Entwicklungsstand liegt die Größe der Bahnwiderstände bei etwa 200 Ohm und ist damit größer als der Innenwiderstand der Ausgangstransistoren z. B. der TTL-Technik. Die Schaltzeiten der MOS-Technik sind daher größer als die der DTL- bzw. TTL-Technik und erhöhen sich zudem sehr mit der Zahl der belastenden Eingänge.

Die Grundschaltung der Fig. 7.1 kann in einfacher Weise zu einer vollständigen Logikschaltung erweitert werden. Mit der bisherigen Zuordnung (Aufgabe 6)
        "L" = positivere Spannung
        "0" = negativere Spannung
ergibt sich dann ein NOR - Gatter, wenn zwei n-Transistoren parallel und die zugehörigen p-Transistoren in Serie geschaltet werden, wie es Fig. 7.2 zeigt.

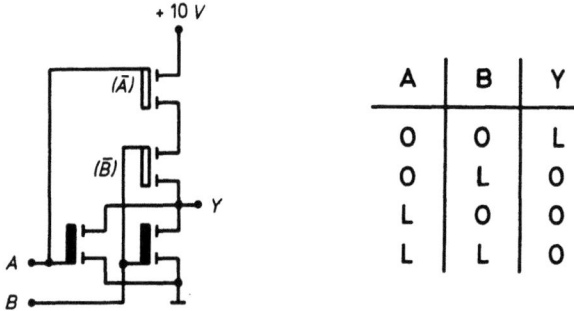

Fig. 7.2
MOS-Logikgatter (NOR) mit 2 Eingängen[1]

A	B	Y
0	0	L
0	L	0
L	0	0
L	L	0

---

[1] Um die Übersichtlichkeit der Schaltungen zu erhöhen, sind in dieser und den folgenden Schaltungen die Substratanschlüsse fortgelassen worden.

Die Funktion des Gatters wird verständlich, wenn z. B. die
Verbindung des Ausganges Y mit der positiven Betriebsspannung untersucht wird. Da die beiden p-Transistoren in
Serie geschaltet sind, kann eine leitende Verbindung nur
dann bestehen, wenn beide p-Transistoren durch eine Eingangsspannung 0 V ($\triangleq U_{GS}$ = -10 V) geöffnet werden. 0 V am
Eingang bedeutet aber den Eingangswert $\bar{A}$ bzw. $\bar{B}$, so daß
für den Ausgang gilt:

$$Y = \bar{A} \wedge \bar{B}$$

und nach dem Theorem von De Morgan wie behauptet:

$$Y = A \bar{\vee} B$$

Das gleiche Ergebnis ergibt sich, wenn die Möglichkeit
einer leitenden Verbindung zum Massepotential, d. h. für
den Ausgangswert "0" = $\bar{Y}$, untersucht wird. Da die beiden
n-Transistoren parallel geschaltet sind, genügt es, wenn
einer der beiden leitend ist, d. h. der Eingang A oder der
Eingang B die Spannung +10 V aufweist. Es gilt daher

$$\bar{Y} = A \vee B$$

und sofort

$$Y = A \bar{\vee} B.$$

Für die NAND - Verknüpfung

$$Y = A \bar{\wedge} B$$

gilt

$$\bar{Y} = A \wedge B \qquad (1)$$

und wieder nach De Morgan

$$Y = \bar{A} \vee \bar{B}. \qquad (2)$$

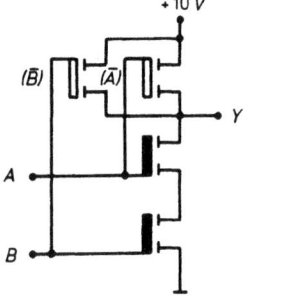

A	B	Y
O	O	L
O	L	L
L	O	L
L	L	O

Fig. 7.3
MOS-NAND-Gatter mit 2 Eingängen

Aus 2 p-Transistoren und 2 n-Transistoren entsteht daher
dann ein NAND-Gatter, wenn wegen GL.1 nun die beiden n-
Transistoren in Serie und wegen GL.2 die p-Transistoren
parallel geschaltet werden, wie es Fig. 7.3 zeigt.

Bereits dieses einfache Beispiel zeigt einen weiteren,
eminent wichtigen Vorteil der MOS-Technik, die große Frei-
zügigkeit beim Schaltungsentwurf durch das Fehlen jeglicher
Verbindungsbauelemente wie Widerstände oder Dioden zwischen
den Transistoren. Durch eine einfache Änderung der Verbindungsleitungen, durch die die Serien- oder Parallelschaltung
von MOS-Transistoren verändert wird, kann eine andere Schaltfunktion realisiert werden. Auch ist das Entwickeln einer
Schaltung zu einer vorgegebenen Schaltfunktion so schematisch
beschreibbar, daß das Bestimmen der Verbindungsleitungen für
komplexe Schaltungen in kürzester Zeit mit einer Rechenan-
lage ausgeführt werden kann. Die Entwicklung einer Schaltung
aus einem einfachen Beispiel soll im folgenden erläutert
werden.

Gegeben sei eine Schaltfunktion
$$Y = (A \wedge B) \; \bar{V} \; \bar{C}.$$
Damit die Funktion geschaltet werden kann, darf sie nur UND-
(= Serienschaltung) bzw. ODER- (= Parallelschaltung) Ver-
knüpfungen enthalten. Für die Gleichung
$$\bar{Y} = (A \wedge B) \vee \bar{C},$$
die die Verbindungen der n-Transistoren angibt, ist diese
Bedingung bereits erfüllt. Um die Verbindungen der p-Transistoren zu erhalten, muß die Funktion Y selber noch zwei-
mal nach De Morgan umgeformt werden:
$$Y = \overline{(A \wedge B)} \wedge C$$
$$Y = (\bar{A} \vee \bar{B}) \wedge C$$
Die Gleichungen bedeuten somit, daß die n-Transistoren der
Eingänge A und B in Serie und der n-Transistor des Einganges
$\bar{C}^1$ dazu parallel geschaltet werden muß, sowie daß die p-

---

[1] Das Auftreten der Größe $\bar{C}$ bedeutet lediglich, daß diesem
Eingang zusätzlich ein Negator vorgeschaltet werden muß,
und hat auf den Schaltungsentwurf sonst keinen Einfluß.

Transistoren der Eingänge A und B parallel und der p-Transistor des Einganges $\bar{C}$ dazu in Serie geschaltet sein muß. Diese Schaltung zeigt Fig. 7.4.

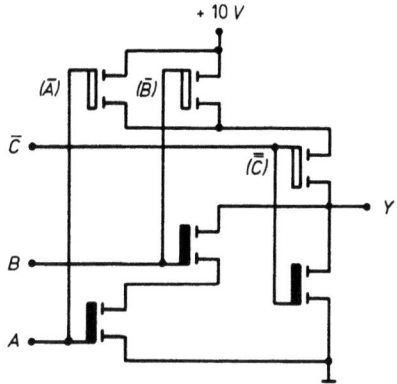

Fig. 7.4
MOS-Schaltung der Funktion
$Y = (A \wedge B) \bar{\vee} \bar{C}$

7.2 Messungen

Meßobjekte: 4 MOS-Transistorpaare (p- und n-Typ zum Aufbau von Schaltfunktionen)
integrierter 4-fach-NOR-Schaltkreis

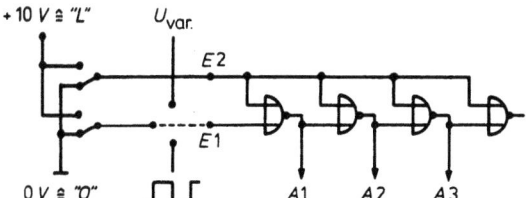

Schaltung 7.1

1. Messen Sie mit Schaltung 7.1 für die 4 möglichen Wertekombinationen der Eingänge E1 und E2 die Ausgangsspannung U_{A1} des MOS-Schaltkreises. Schreiben Sie zu jedem Spannungswert den logischen Wert entsprechend der vorne angegebenen Zuordnung.

E_1	=	"O"	"O"	"L"	"L"
E_2	=	"O"	"L"	"O"	"L"
U_{A1}	=	10.0	0.0	0.0	0.0 V
A1	=	"L"	"O"	"O"	"O"

2. Ersetzen Sie in Schaltung 7.1 den Schalter vor E1 durch eine variable Spannung U_{var} und messen Sie für E2 = "0" die Ausgangsspannung U_{A1} in Abhängigkeit von der Eingangsspannung U_{E1}.

U_{E1} =	0	3.0	4.0	5.0	5.5	6.0	7.0	8.0	10.0	V
U_{A1} =	10.0	10.0	9.8	9.1	5.6	0.6	0.1	0.0	0.0	V

3. Versuchen Sie, den von der gesamten MOS-Meßschaltung aufgenommenen Strom für E1 = E2 = "0" zu messen.
I = *1.6* µA

4. Realisieren Sie mit den MOS-Transistorpaaren die Schaltfunktion
$$Y = (A \vee B) \overline{\wedge} C.$$
Überzeugen Sie sich durch Aufstellen einer Wertetabelle von der Richtigkeit der Schaltung.

$\overline{Y} = (A \vee B) \wedge C$ $\qquad$ $Y = \overline{(A \vee B)} \vee \overline{C}$
$\qquad\qquad\qquad\qquad\qquad$ $Y = (\overline{A} \wedge \overline{B}) \vee \overline{C}$

n-Transistoren für A und B parallel, n-Transistor für C dazu in Serie. $\qquad$ *p-Transistoren für A und B in Serie, p-Transistor für C zu beiden parallel.*

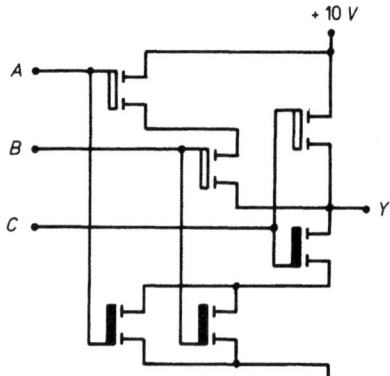

MOS-Realisierung der Schaltfunktion
$Y = (A \vee B) \overline{\wedge} C$

Wertetabelle:

A	B	C	Y	(A V B) $\bar{\wedge}$ C
0	0	0	L	L
0	0	L	L	L
0	L	0	L	L
0	L	L	0	0
L	0	0	L	L
L	0	L	0	0
L	L	0	L	L
L	L	L	0	0

5. Ersetzen Sie in Schaltung 7.1 den Schalter vor dem Eingang E1 durch eine Rechteckspannung. Messen Sie die Schaltzeiten t_r und t_f des Signals am Ausgang A3 sowie die Verzögerungszeiten t_{dr} und t_{df} dieses Signals gegenüber dem Signal am Ausgang A2 (E2 = "0").

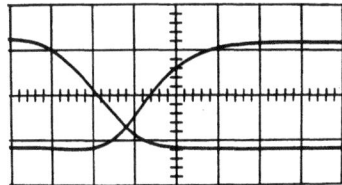 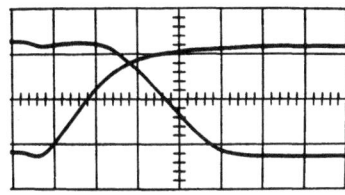

40 ns/cm   40 % ΔU/cm

t_r = *100* ns t_f = *88* ns
t_{dr} = *52* ns t_{df} = *74* ns

6. Bei der Messung 7.2.5 und Schaltung 7.1 war das zu messende Gatter mit nur 1 nachfolgenden Gatter belastet, d. h. keine Ausgangsverzweigung ("Fan out" = 1). Schalten Sie zwei MOS-Transistorpaare als Negatoren.

   a. Belasten Sie den Ausgang A3 der Schaltung 7.1 mit einem Negator (Ausgangsverzweigung auf 2 Gatter ≙ Fan out = 2) und messen Sie erneut die Schaltzeiten wie unter 7.2.5.

t_r = 160 ns $\qquad$ t_f = 140 ns
t_{dr} = 72 ns $\qquad$ t_{df} = 100 ns

b. Belasten Sie den Ausgang A3 der Schaltung 7.1 mit beiden Negatoren (Fan out = 3) und messen Sie erneut die Schaltzeiten wie unter 7.2.5.

t_r = 220 ns $\qquad$ t_f = 200 ns
t_{dr} = 94 ns $\qquad$ t_{df} = 128 ns

7.3 Auswertung

1. Zeichnen Sie die Übertragungskennlinie $U_A = f(U_E)$. Wie groß ist der Spannungshub zwischen den Ausgangswerten "0" und "L"?

   Wie groß sind die Störabstände $U_{N"0"}$ und $U_{N"L"}$?

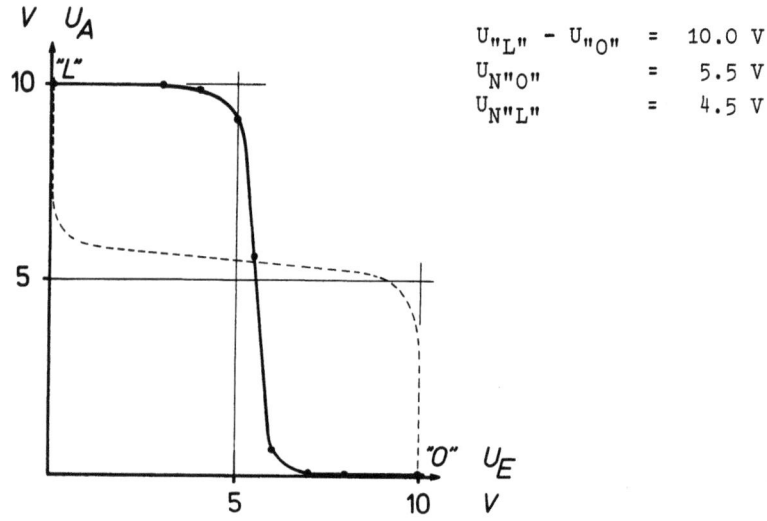

$U_{"L"} - U_{"0"}$ = 10.0 V
$U_{N"0"}$ = 5.5 V
$U_{N"L"}$ = 4.5 V

2. Zeichnen Sie die Schaltzeiten t_r und t_f in Abhängigkeit von der Ausgangsbelastung (Fan out).

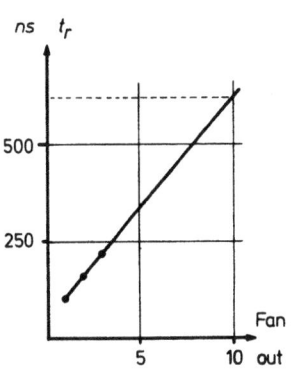 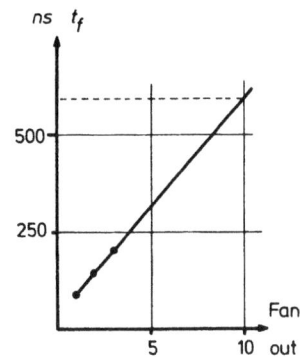

3. Zeichnen Sie die Signalverzögerungszeiten t_{dr} und t_{df} in Abhängigkeit von der Ausgangsbelastung (Fan out).

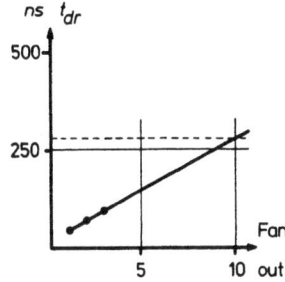 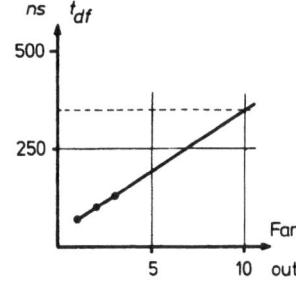

4. Welche Schaltzeiten t_r und t_f und welche Signalverzögerungszeiten t_{dr} und t_{df} sind bei Fan out = 10 zu erwarten?

$$t_r = 620 \text{ ns} \qquad t_f = 590 \text{ ns}$$
$$t_{dr} = 280 \text{ ns} \qquad t_{df} = 350 \text{ ns}$$

5. Wie groß ist die mittlere Signalverzögerungszeit $\bar{t}_d$ bei Fan out = 1 bzw. 10?

$$\bar{t}_d = (t_{dr} + t_{df}) / 2$$

Fan out = 1
$$\bar{t}_d = 63 \text{ ns}$$
Fan out = 10
$$\bar{t}_d = 315 \text{ ns}.$$

8 Schaltnetze

8.1 Allgemeine Grundlagen

In digitalen, elektronischen Rechenanlagen besteht die Ausführung einer Operation, z. B. einer Multiplikation, aus einer zeitlichen Folge von Verknüpfungsschritten. Die Eingangs- und Ausgangswerte von Verknüpfungsgliedern werden dadurch Funktionen der Zeit, Signalfunktionen. Ein Beispiel für eine solche Signalfunktion ist die zeitserielle Darstellung der CCIT-codierten Ziffern 0,1 und 4 (Fig. 8.1a) ebenso wie die periodische Folge der Binärwerte OLOLO (Fig. 8.1b).

a. zeitseriell codierte Dezimalziffern (CCIT-Code)

b. periodische Folge von Binärwerten

c. ideale Verknüpfung
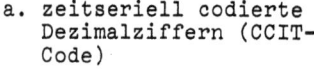
$s = a \wedge b$

d. reale Verknüpfung
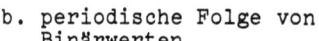
$s = a \wedge b$

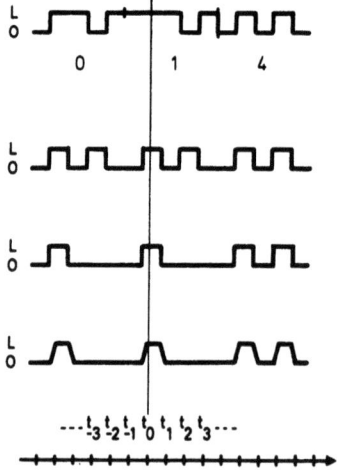

Fig. 8.1 *Signalfunktionen*

Werden diese beiden Signalfunktionen z. B. in einem UND-Gatter miteinander verknüpft, so entsteht am Ausgang des Gatters nicht die ideale Signalfunktion $s = a \wedge b$ der

Fig. 8.1c. Die Messungen der Aufgaben 6 und 7 haben gezeigt, daß in allen logischen Verknüpfungen die Ausgangssignale um die Signaldurchlaufzeit verzögert erscheinen. Die reale Signalfunktion s = a ∧ b entspricht daher der der Fig. 8.1d.

Für die Behandlung der Zeitabhängigkeit der Signalfunktionen ist es zweckmäßig, eine Diskretisierung der Zeit vorzunehmen und die Signalfunktionen nicht als kontinuierliche Funktionen der Zeit einzuführen, sondern ihren Wert nur zu diskreten Zeitpunkten, den Abtastzeitpunkten ..., t_{-2}, t_{-1}, t_o, t_1, t_2, ...t_n, ..., anzugeben. Die Funktionswerte a_{-2}, a_{-1}, a_o, a_1, a_2, ..., a_n, ... zu diesen Abtastzeitpunkten müssen dabei eindeutig die Werte "O" oder "L" annehmen und eindeutig der geforderten Verknüpfung genügen. Der Zeitabstand zweier Abtastpunkte $\Delta t = t_{n+1} - t_n$ ist die Größe eines Zeitschrittes und wird in digitalen Rechenanlagen als Taktzeit bezeichnet. Der Kehrwert der Taktzeit ist die Taktfrequenz.

Die Signaldurchlaufzeiten lassen sich besser erfassen, wenn für diese Verzögerungszeiten ein ideales Verzögerungsglied eingeführt wird. Ein reales Verknüpfungsglied kann dann als die Serienschaltung eines idealen, nicht verzögernden Verknüpfungsgliedes und eines idealen Verzögerungsgliedes angesehen werden. Fig. 8.2 zeigt den Aufbau eines Schaltnetzes mit idealen und mit realen Verknüpfungsgliedern und die sich ergebenden Signalfunktionen. Die Taktzeit ist dabei mit dem Dreifachen der Signaldurchlaufzeit angenommen. Im zeitsynchronen Schaltnetz Fig. 8.2c erscheint daher das Ausgangssignal nach dem Durchlaufen dreier Verknüpfungsglieder zwar verknüpfungsrichtig aber um eine volle Taktzeit gegenüber den Eingangsgrößen des Schaltnetzes zeitverschoben. Dies zeigt, daß die minimal mögliche Taktzeit sowohl von der durch die verwendete Gattertechnik vorgegebenen Signaldurchlaufzeit als auch von der Anzahl der zu durchlaufenden Verknüpfungsstufen abhängt.

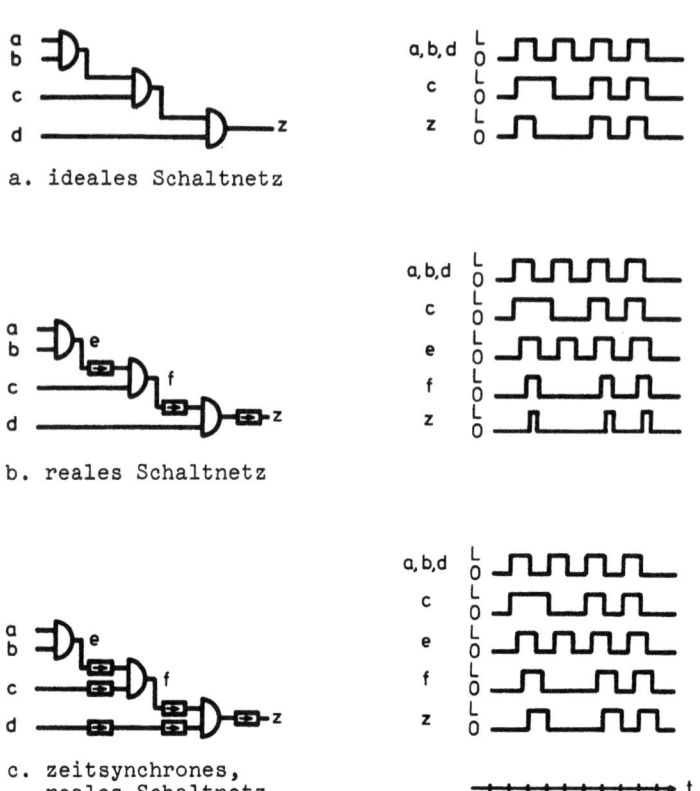

Fig. 8.2
Schaltnetze ohne und mit Verzögerungszeiten ($\bar{t}_d = \Delta t/3$) und ihre Signalfunktionen

8.2 Messungen

Zur Realisierung von Schaltfunktionen und zum Aufbau von Schaltnetzen stehen Ihnen Verknüpfungs-, Verbindungs- und Anzeigebausteine entsprechend der Übersicht in Fig. 8.3 zur Verfügung. Die Verknüpfungsbausteine sind mit integrierten Schaltkreisen in DTL-Technik bestückt. Dabei gilt als Zuordnung:

"L" ≙ Anzeigenlampe an
"0" ≙ Anzeigenlampe aus.

UND   ODER   NICHT   NAND   NOR

Verbindungen

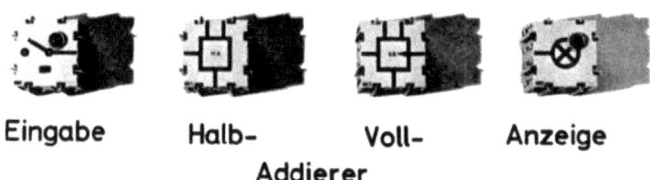

Eingabe   Halb-   Voll-   Anzeige
          Addierer

Fig. 8.3
Übersicht über die vorhandenen Verknüpfungs-,
Verbindungs- und Anzeigebausteine [1]
(Betriebsspannung $U_B = 5$ V)

1. Ermitteln Sie für die 4 Grundfunktionen UND, ODER, NAND, NOR die Zuordnungstabellen zwischen den Eingängen A und B und dem Ausgang Y.

---

[1] Mit diesen Bausteinen können trotz der nicht typischen räumlichen Abstände für Rechenanlagenschaltkreise typische Signalfunktionen gemessen werden.

Die oben abgebildeten Bausteine sind Bestandteil des "Bipol-System" der Firma Hopt-Schuler + Co, 721 Rottweil.

Ver-knüpfung	Schaltung	Wertetabelle				
UND		A	0	0	1	1
		B	0	1	0	1
		Y	0	0	0	1
ODER		A	0	0	1	1
		B	0	1	0	1
		Y	0	1	1	1
NAND		A	0	0	1	1
		B	0	1	0	1
		Y	1	1	1	0
NOR		A	0	0	1	1
		B	0	1	0	1
		Y	1	0	0	0

2. Ersetzen Sie die Verknüpfungen UND, ODER und NOR durch äquivalente Schaltungen, die nur mit NAND-Verknüpfungen (Negation ≙ NAND-Gatter mit nur einem Eingang) realisiert sind.

$$Y = A \wedge B = \overline{\overline{A \wedge B}}$$

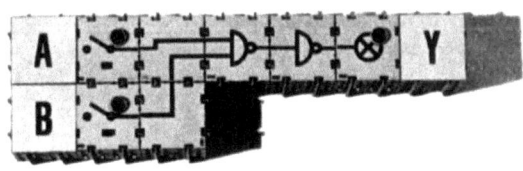

Nach dem Shannon-Theorem
$$f(A, B, \ldots, N, \wedge, \vee, \bar{\wedge}, \bar{\vee}) = \overline{f(\bar{A}, \bar{B}, \ldots \bar{N}, \vee, \wedge, \bar{\vee}, \bar{\wedge})}$$

$$Y = A \vee B = \overline{\bar{A} \wedge \bar{B}}$$

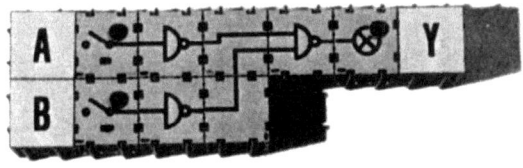

$$Y = \overline{A \vee B} = \bar{A} \wedge \bar{B} = \overline{\overline{\bar{A} \wedge \bar{B}}}$$

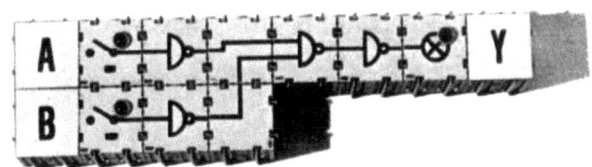

3.a. Realisieren Sie ein Schaltnetz mit den Eingängen A und B und den Ausgangsfunktionen

$$Y_1 = (A \vee B) \wedge \overline{(A \wedge B)}$$
$$Y_2 = A \wedge B.$$

Ermitteln Sie aus der Schaltung die Wertetabelle.

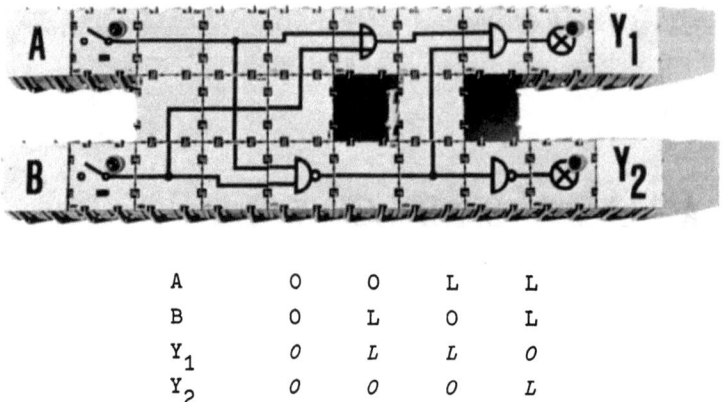

A	O	O	L	L
B	O	L	O	L
Y_1	*O*	*L*	*L*	*O*
Y_2	*O*	*O*	*O*	*L*

b. Realisieren Sie das Schaltnetz der Fig. 8.4 und geben Sie die Ausgangsfunktionen Y_1 und Y_2 an. Ermitteln Sie aus der Schaltung die Wertetabelle.

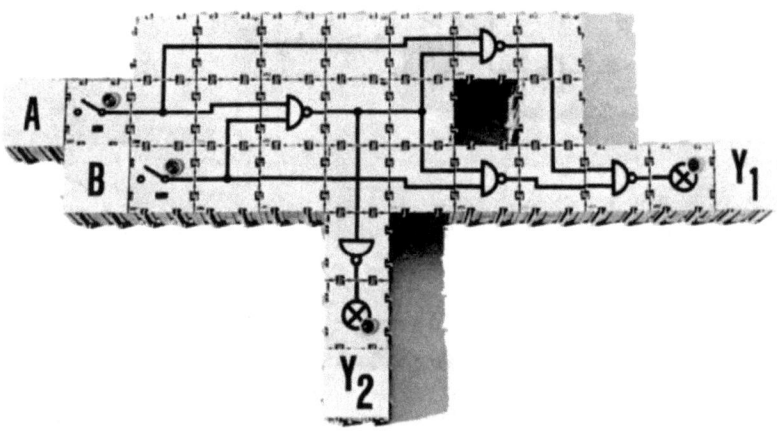

Fig. 8.4 Schaltnetzbeispiel

A	O	O	L	L
B	O	L	O	L
Y_1	*O*	*L*	*L*	*O*
Y_2	*O*	*O*	*O*	*L*

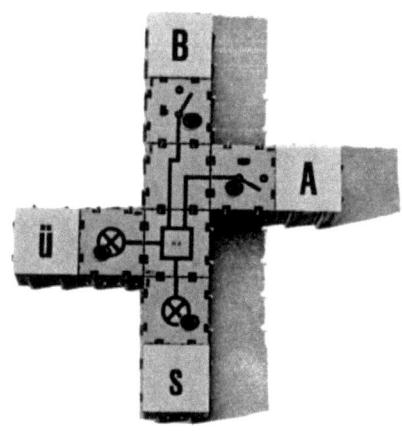

Fig. 8.5 Halbaddierer

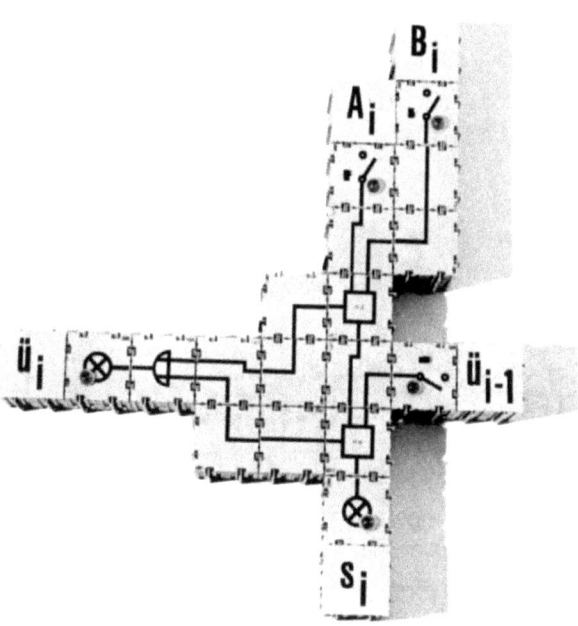

Fig. 8.6
Schaltung eines Volladdierers aus 2 Halbaddierern

4. Realisieren Sie das Schaltnetz der Fig. 8.5 und ermitteln Sie die Wertetabelle des Halbaddierers.

A	O	O	L	L	
B	O	L	O	L	
S	O	L	L	O	Summe
Ü	O	O	O	L	Übertrag

5. Erweitern Sie das Schaltnetz der Fig. 8.5 zum Schaltnetz der Fig. 8.6. Ermitteln Sie damit die Wertetabelle des Volladdierers.

A_i	O	O	O	O	L	L	L	L	
B_i	O	O	L	L	O	O	L	L	
$Ü_{i-1}$	O	L	O	L	O	L	O	L	
S_i	O	L	L	O	L	O	O	L	Summe
$Ü_i$	O	O	O	L	O	L	L	O	Übertrag

6. Das Schaltnetz der Fig. 8.7 realisiert die Schaltfunktion

   $$Y = D \wedge (B \overline{\wedge} (A \vee (C \overline{\wedge} (A \overline{\vee} D)))),$$

   die für A = "O", B = "L" und C = "L" in

   $$Y = D \wedge \overline{D}$$

   übergeht.

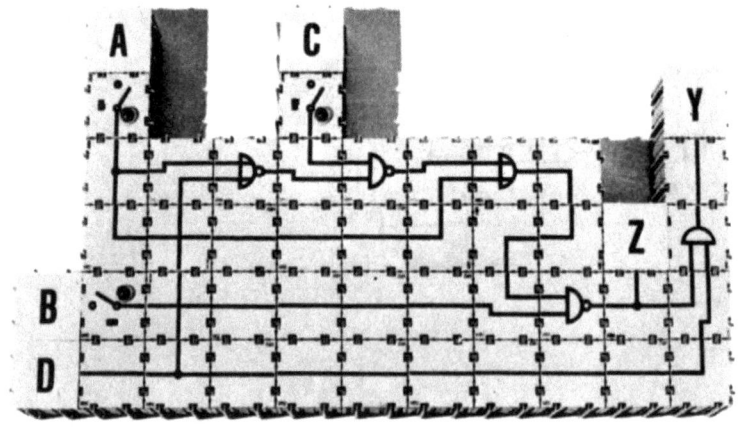

Fig. 8.7
Messung der Verzögerungszeiten zwischen dem Eingang D und dem Ausgang Y eines mehrstufigen Schaltnetzes

Legen Sie bei D eine periodisch zwischen "O" und "L" wechselnde Rechteckspannung an. Messen Sie mit einem Oszillographen entsprechend der Definition

$$"O" \triangleq U < U_B/2$$
$$"L" \triangleq U \geq U_B/2$$

den logischen Wert der Signalfunktionen D, $Z = \bar{D}$ und $Y = D \wedge \bar{D}$ zu den Zeitpunkten $t_0, \ldots, t_7$ mit $\Delta t = 40$ ns ($t_0 \triangleq U = 0.1 \times U_B$ auf der Anstiegsflanke des Eingangssignals D).

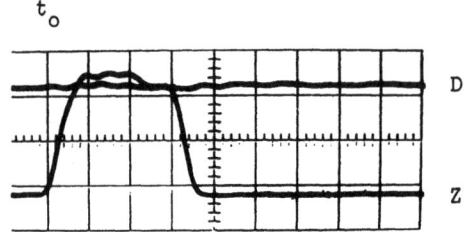

Oszillogramm der Signalfunktionen D und $Z = \bar{D}$. (40 ns/cm, 40 % ΔU/cm)

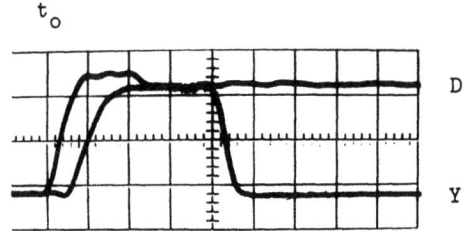

Oszillogramm der Signalfunktionen D und Y. (40 ns/cm, 40 % ΔU/cm)

t =	t_0	t_1	t_2	t_3	t_4	t_5	t_6	t_7
D =	O	L	L	L	L	L	L	L
Z =	L	L	L	L	O	O	O	O
Y =	O	L	L	L	L	O	O	O

7. Fig. 8.8 zeigt ein Addiernetz für zwei dreistellige Binärzahlen A und B. Sind die Binärziffern

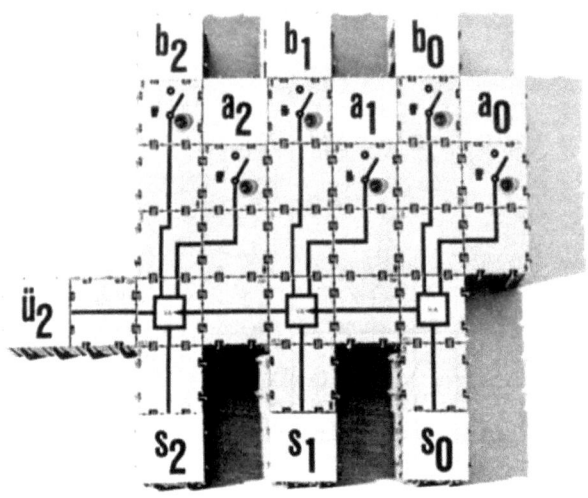

Fig. 8.8
3-stelliges Addiernetz (s = a + b)

und
$$b_2 = b_1 = b_0 = "L"$$
$$a_2 = a_1 = "0"$$

so gilt für
$a_0 = "0"$
$s_2 = s_1 = s_0 = "L"$
$ü_2 = "0"$

und für
$a_0 = "L"$
$s_2 = s_1 = s_0 = "0"$
$ü_2 = "L"$.

Legen Sie deshalb zum Messen für a_0 eine periodisch zwischen "0" und "L" wechselnde Rechteckspannung an. Messen Sie mit einem Oszillographen die Verzögerungszeiten zwischen dem Eingangssignal a_0 und den Ausgangssignalen s_0, s_1, s_2 und $ü_2$.

Oszillogramme (20 ns/cm, 40 % ΔU/cm) der Signalfunktionen s_0, s_1, s_2 und $ü_2$ bezogen auf die Eingangsfunktion a_0:

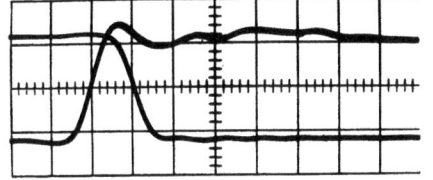

a_0

s_0 $s_0 : t_{df} = 20$ ns

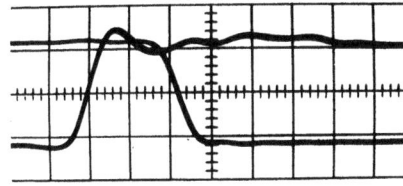

a_0

s_1 $s_1 : t_{df} = 44$ ns

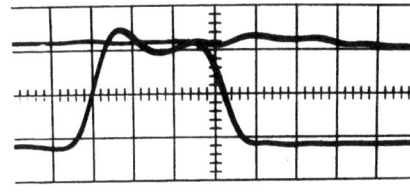

a_0

s_2 $s_2 : t_{df} = 64$ ns

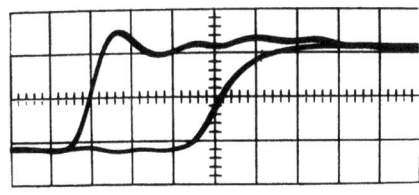

a_0 $ü_2$

$ü_2 : t_{dr} = 64$ ns

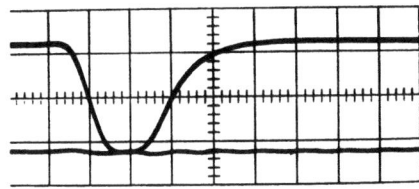

s_0 $s_0 : t_{dr} = 40$ ns

a_0

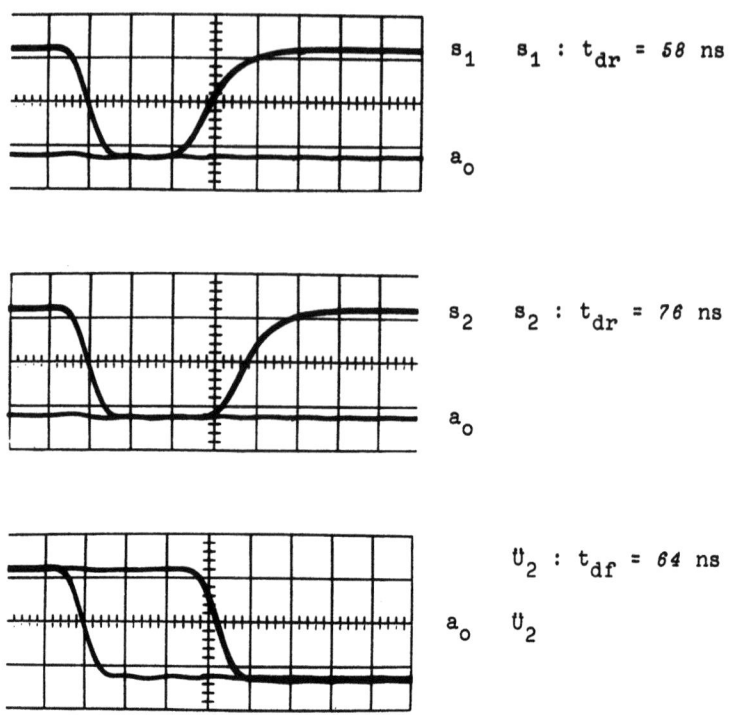

s_1 $s_1 : t_{dr} = 58$ ns

s_2 $s_2 : t_{dr} = 76$ ns

$\vartheta_2 : t_{df} = 64$ ns

a_0 ϑ_2

8.3 Auswertung

1. Vergleichen Sie die unter 8.2.3a, 8.2.3b und 8.2.4 ermittelten Wertetabellen. Was können Sie über die zugehörigen Schaltungen aussagen?

    Da die drei Wertetabellen identisch sind, müssen die drei Schaltungen äquivalent sein. Die Schaltungen unter 8.2.3a und 8.2.3b (Fig. 8.4) geben also beide eine Realisierung der Halbaddition wieder, wobei jedoch die Schaltung der Fig. 8.4 ausschließlich aus NAND-Gattern aufgebaut ist.

2. Weisen Sie auch mit den Rechenregeln der Schaltalgebra nach, daß die Schaltfunktionen unter 8.2.3a und 8.2.3b äquivalent sind.

$$Y_1 = \overline{[(a \barwedge b) \barwedge a]} \barwedge \overline{[(a \barwedge b) \barwedge b]}$$
$$= [(a \barwedge b) \wedge a] \vee [(a \barwedge b) \wedge b]$$
$$= (a \barwedge b) \wedge (a \vee b)$$
$$= Y_1 \text{ aus } 8.2.3a \qquad \text{q. e. d.}$$

$$Y_2 = \overline{(a \barwedge b)}$$
$$= a \wedge b$$
$$= Y_2 \text{ aus } 8.2.3a \qquad \text{q. e. d.}$$

3. Zeichnen Sie schematisch den Verlauf der Signalfunktionen D, Z und Y aus Messung 8.2.6.
Wie groß muß Δt^* mindestens gewählt werden, damit die Gleichung für t_o^* , t_1^* , ..., t_n^* , erfüllt ist? Wie groß ist damit die maximal zulässige Taktfrequenz F_T?

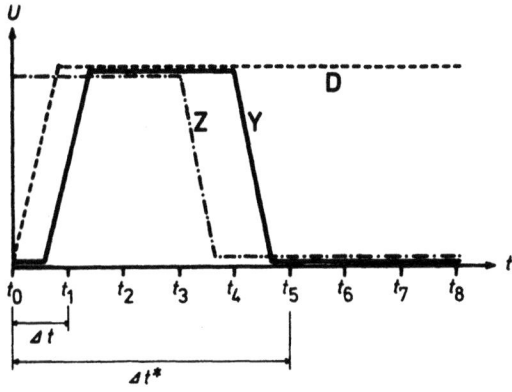

Für die Zeitpunkte t_1, t_2, t_3 und t_4 ist die Gleichung $D \wedge \bar{D} = 0$ als Folge der Signalverzögerungszeiten nicht erfüllt. Erst ab dem Zeitpunkt t_5 ist die Gleichung wieder erfüllt.

Mit $\qquad t_o^* = t_o$
und $\qquad t_1^* = t_5$

wird	$\Delta t^* $	$= t_1^* - t_0^*$
		$= 5 \times \Delta t$
und mit	Δt	$= 40$ ns
zu	Δt^*	$= 200$ ns.

Daraus folgt wegen
$$F_T = 1/\Delta t^*$$
für die Taktfrequenz
$$F_T = 1/(200 \times 10^{-9})\ 1/s$$
$$F_T = 5\ \text{MHz}.$$

4. Zeichnen Sie mit Hilfe der Äquivalenzen aus 8.2.2 das Schaltnetz der Fig. 8.7 unter ausschließlicher Verwendung von NAND-Verknüpfungen. Wieviel Stufen durchläuft die Signalfunktion Z? Bestimmen Sie hierfür die gesamte Signaldurchlaufzeit und vergleichen Sie sie mit den Signaldurchlaufzeiten der DTL-Gatter in Aufgabe 6.

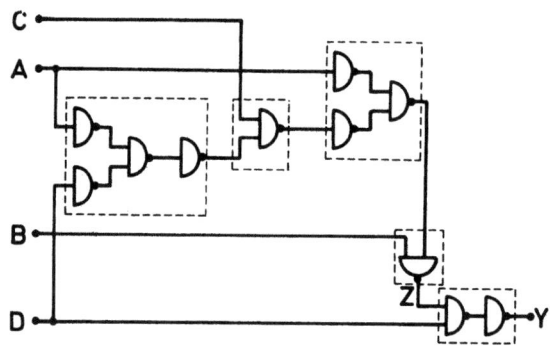

Das Signal Z durchläuft 7 NAND-Gatter. Die Gesamtdurchlaufzeit ergibt sich nach dem Oszillogramm zu 124 ns.
Mit den in Abschnitt 6 gemessenen DTL-Zeiten ergibt sich vergleichsweise:
$$t_{d\ ges} = 4 \times t_{df} + 3 \times t_{dr} = 136\ \text{ns}.$$

5. Wenn die Verknüpfungsbausteine statt in DTL- in TTL-Technik ausgeführt worden wären, welche maximale Takt-

frequenz wäre dann für das Schaltnetz der Fig. 8.7 möglich?

$$t_{d\ Y} = 5 \times t_{df} + 4 \times t_{dr}$$
$$t_{d\ Y} = 5 \times 4 + 4 \times 18 \text{ ns}$$
$$t_{d\ Y} = 92 \text{ ns.}$$

In TTL-Technik wäre die Schaltgleichung $D \wedge \bar{D} = 0$ bereits für t_3 wieder erfüllt. Daraus folgt:

$$t_o^* = t_o$$
$$t_1^* = t_3$$
$$\Delta t^* = t_1^* - t_o^* = 3 \times \Delta t$$
$$\Delta t^* = 120 \text{ ns.}$$

Die maximal zulässige Taktfrequenz ist demnach
$$F_T = 1/(120 \times 10^{-9}) \text{ 1/s}$$
$$F_T = 8.35 \text{ MHz.}$$

6. Zeichnen Sie schematisch die Signale an den Ausgängen des Addiernetzes der Fig. 8.8 unter Berücksichtigung der unter 8.2.7 gemessenen Verzögerungszeiten.
Wie groß wäre die maximal zulässige Taktfrequenz für ein 40-stelliges Addiernetz?

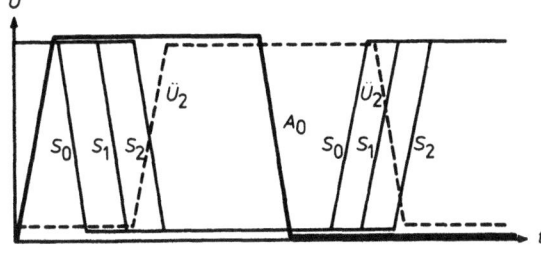

Da die erste Stufe des Addiernetzes nur aus einem Halbaddierer besteht, sind die Verzögerungszeiten dieser Stufe und die der n - 1 Volladdiererstufen getrennt zu berücksichtigen:

$$t_{df\ s_n} = t_{df_o} + (n - 1) \times \bar{t}_{df}$$
$$\bar{t}_{df} = 22 \text{ ns}$$

$$t_{df\,s_n} = 20 + 39 \times 22 \text{ ns}$$

$$t_{df\,s_n} = 878 \text{ ns}$$

$$t_{dr\,s_n} = t_{dr_o} + (n-1) \times \bar{t}_{dr}$$
$$\bar{t}_{dr} = 18 \text{ ns}$$

$$t_{dr\,s_n} = 40 + 39 \times 18 \text{ ns}$$

$$t_{dr\,s_n} = 702 \text{ ns}$$

$$t_{df\,u_n} = t_{dr\,s_n} - 12 \text{ ns}$$

$$t_{df\,u_n} = 690 \text{ ns}$$

$$t_{dr\,u_n} = t_{df\,s_n}$$

$$t_{dr\,u_n} = 878 \text{ ns}.$$

Danach ergibt sich die minimale Taktzeit zu
$$\Delta t_{min} = 880 \text{ ns}$$
und somit die maximale Taktfrequenz
$$F_T = 1/(880 \times 10^{-9}) \text{ 1/s}$$
$$F_T = 1.14 \text{ MHz}.$$

9 Transistor-Flipflop

9.1 Allgemeine Grundlagen

In digitalen Rechenanlagen ist es notwendig, Ausgangsgrößen von Schaltnetzen, z. B. Ergebniswerte eines Addiernetzes, zu speichern. Da diese Ausgangsgrößen nur zweiwertig sein können, müssen die Speicherschaltkreise ebenfalls nur zwei stabile Zustände einnehmen können, denen dann die Werte "O" und "L" zugeordnet werden. Der einfachste derartige, bistabile Schaltkreis ist das Flipflop, dessen prinzipielle Funktion in Fig. 9.1 am Beispiel eines zweipoligen Umschalters dargestellt ist. Ist der Schalter in Stellung 1, so liegt der Ausgang A1 über den Widerstand R_1 an der positiven Betriebsspannung, d. h., der Ausgang A1 hat entsprechend der Zuordnung

"L" ≙ positivere Spannung

"O" ≙ negativere Spannung

den logischen Wert "L". Der Ausgang A2 hingegen liegt über den Schalter an 0 V, hat somit den Wert "O". Wechselt nun der Schalter in die Stellung 2, so kehren sich an den Aus-

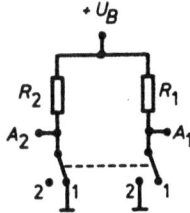

Fig. 9.1
Prinzipielle
Funktion eines
Flipflops

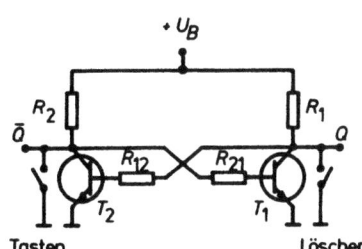

Fig. 9.2
Flipflop-Transistorschaltkreis

gängen die Spannungen um, d. h. jetzt hat der Ausgang A1 den
Wert "0" und A2 den Wert "L". Wird z. B. die am Ausgang A1
erscheinende Spannung als der im Flipflop gespeicherte Wert
definiert, so wird das Flipflop bei A1 = "L" als gesetzt
oder getastet, bzw. bei A1 = "0" als rückgesetzt oder gelöscht
bezeichnet. Am Ausgang A2 erscheint dabei jeweils der ne-
gierte Inhalt. Das Wechseln des Schalters von 1 nach 2 wird
als Rücksetzen oder Löschen, das Wechseln von 2 nach 1 als
Setzen oder Tasten bezeichnet.

In Fig. 9.2 sind die Umschaltkontakte der Fig. 9.1 durch
Silizium-Transistoren ersetzt worden. Daraus ergibt sich
folgende Wirkungsweise: Es sei angenommen, daß der Tran-
sistor T1 leitend ist. Dann hat der Ausgang Q infolge des
Spannungsabfalles an R1 eine Spannung in Höhe der Kollek-
tor-Emitter-Sättigungsspannung von weniger als 0.2 V.
Diese Spannung liegt über den Widerstand R12 auch an der
Basis des Transistors T2. Da Siliziumtransistoren nach
Aufgabe 2 eine Einschaltschwelle von etwa 0.5 . . . 0.7 V
haben, ist der Transistor T2 gesperrt. Der Ausgang $\bar{Q}$ liegt
daher über R2 an der positiven Betriebsspannung. Diese
Spannung liegt über R21 an der Basis des Transistors T1
und hält ihn der Annahme entsprechend leitend. Da der Ausgang Q über T1 an 0 V liegt, also den Wert "0" hat, ist
das Flipflop in diesem Betriebszustand gelöscht. Wird nun
der Schalter "Tasten" geschlossen, so hat der Ausgang $\bar{Q}$
nur noch die Spannung 0 V. Über R21 gelangt nun keine
positive Spannung mehr an den Transistor T1, d. h., er
wird gesperrt. Dadurch liegt nun aber über R1 der Ausgang
Q an der positiven Betriebsspannung und über R12 wird der
Transistor T2 eingeschaltet, so daß auch nach dem Öffnen
des Schalters "Tasten" die Spannung am Ausgang $\bar{Q}$ nicht
über die Sättigungsspannung von T2 ansteigt. Damit bleibt
T1 weiterhin gesperrt und am Ausgang Q eine positive Spannung, d. h. der Wert "L". In diesem Betriebszustand ist das
Flipflop getastet. Die Rückkehr in den Zustand "0" geschieht
auf analoge Weise durch kurzzeitiges Schließen des Schalters "Löschen".

Fig. 9.3 zeigt eine vollständig transistorisierte Flipflop-Schaltung, in der auch die Schalter "Tasten" und "Löschen" durch Transistoren ersetzt sind. Die Funktion der Schaltung bleibt wie oben beschrieben, jedoch kann nun das Tasten bzw. Löschen durch Anlegen des Wertes "L" (positive Spannung) an den Tasteingang S (<u>S</u>etzen) bzw. den Löscheingang R (<u>R</u>ücksetzen) bewirkt werden.

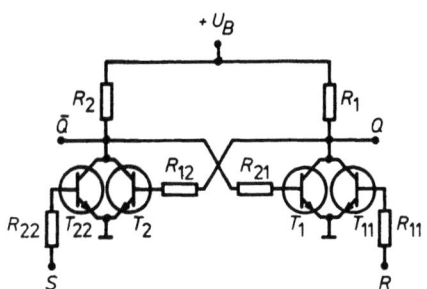

Fig. 9.3
Vollständige Flipflopschaltung

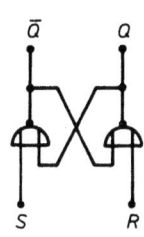

Fig. 9.4
Flipflopschaltung aus zwei
NOR-Gattern

Der Teil der Schaltung in Fig. 9.3, der aus den Transistoren T1 und T11 und den Widerständen R11, R1 und R21 besteht, ebenso der Teil mit den Transistoren T2 und T22 und den Widerständen R22, R2 und R12, entspricht jeweils genau einem RTL - NOR - Gatter der Aufgabe 6. Die Flipflopschaltung der Fig. 9.3 kann daher auch als eine Zusammenschaltung zweier NOR - Gatter aufgefaßt werden, wie es Fig. 9.4 darstellt. Nach den Kennbuchstaben R und S für die Steuereingänge wird der hier beschriebene Flipfloptyp als RS - Flipflop bezeichnet.

9.2 Messungen

Meßobjekte: Transistorschaltkreis aus diskreten
Bauelementen
Flipflop aus integrierten RTL - NOR -
Gattern

1. Messen Sie mit Schaltung 9.1 die Kennlinie $I_E = f(U_E)$ einer Flipflopschaltung.

I_E =	0	0.03	0.1	1	2	3.5	5	6	7	8	10	mA
U_E =	0	0.55	0.59	0.65	0.67	0.6	-0.6	-0.62	-0.39	-0.05	+0.63	mA

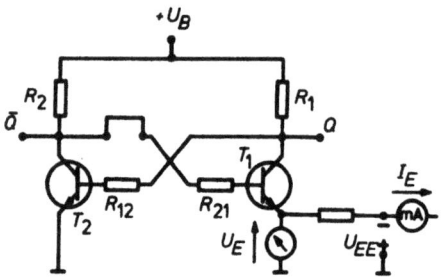

Schaltung 9.1

2. Messen Sie mit Schaltung 9.2 bei aufgetrennter Rückkopplung zum Eingangsstrom I_B den Rückkopplungsstrom I_B'.

U_{BB} =	0	0.1	0.7	0.8	1.0	1.15	1.25	V
I_B =	0	0	0.03	0.2	0.45	0.65	0.8	mA
I_B' =	0	0	0	2.3	2.3	2.3	2.3	mA

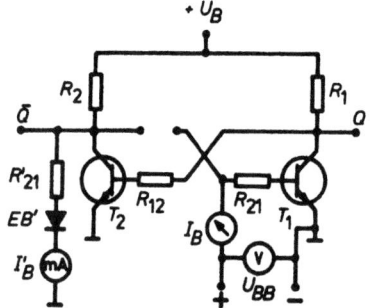

Schaltung 9.2[1]

3. Messen Sie mit Schaltung 9.3 die Übertragungskennlinien U_Q bzw. $U_{\bar{Q}} = f(U_E)$ einer Flipflopschaltung mit aufgetrennter Rückkopplung.

U_{BB} =	0.1	0.5	0.7	0.75	0.8	1.0	1.5	V
$U_{\bar{Q}}$ =	1.9	1.9	1.75	1.25	0.33	0.12	0.08	V
U_Q =	0.08	0.08	0.083	0.11	1.8	1.9	1.9	V

---

[1] Der Widerstand R21' und die Diode EB' simulieren die bei geschlossener Rückkopplung gegebene Belastung des Ausganges $\bar{Q}$ durch den Transistor T1.

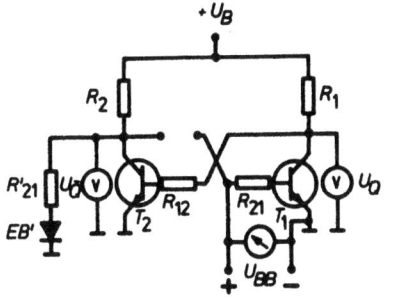
Schaltung 9.3[1]

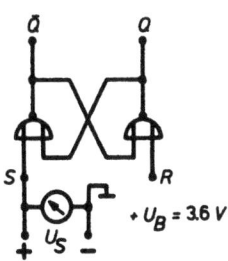
Schaltung 9.4

4. Messen Sie mit Schaltung 9.4 die Übertragungskennlinien $U_{\bar{Q}}$ bzw. $U_Q = f(U_S)$ einer vollständigen Flipflopschaltung. Beachten Sie, daß das Flipflop ein bistabiler Speicher ist und daher vor Beginn der Messung rückgesetzt sein muß!

U_S =	0.1	0.5	0.7	0.75	0.8	1.0	1.5	V
$U_{\bar{Q}}$ =	1.9	1.9	1.88	1.80	0.18	0.18	0.18	V
U_Q =	0.18	0.18	0.20	0.22	1.9	1.9	1.9	V

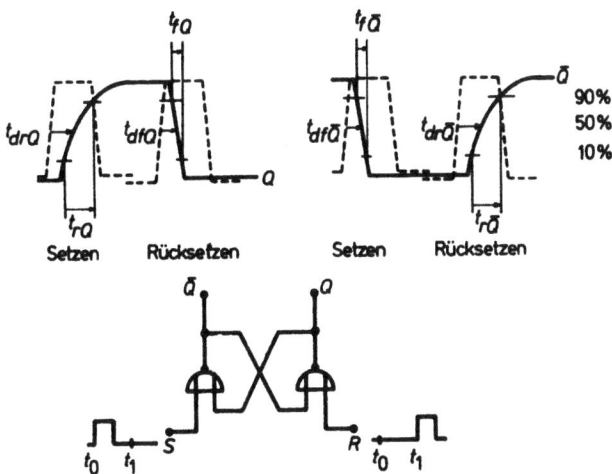
Schaltung 9.5 und Schaltzeitdefinitionen

---

[1] Der Widerstand R21' und die Diode EB' simulieren die bei geschlossener Rückkopplung gegebene Belastung des Ausganges $\bar{Q}$ durch den Transistor T1.

5. Messen Sie mit Schaltung 9.5 die Schaltzeiten t_{rQ}, t_{fQ}, $t_{r\bar{Q}}$ und $t_{f\bar{Q}}$ und die Signalverzögerungszeiten t_{drQ}, t_{dfQ}, $t_{dr\bar{Q}}$ und $t_{df\bar{Q}}$ eines integrierten RTL-Flipflops nach folgender Definition:

$$t_{rQ} = 52 \text{ ns} \qquad t_{r\bar{Q}} = 52 \text{ ns}$$
$$t_{fQ} = 22 \text{ ns} \qquad t_{f\bar{Q}} = 22 \text{ ns}$$

$$t_{drQ} = 32 \text{ ns} \qquad t_{dr\bar{Q}} = 32 \text{ ns}$$
$$t_{dfQ} = 24 \text{ ns} \qquad t_{df\bar{Q}} = 24 \text{ ns}$$

9.3 Auswertung

1. Zeichnen Sie die Flipflopkennlinie $I_E = f(U_E)$ mit den Werten aus Messung 9.2.1. Zeichnen Sie die Flipflop-Arbeitspunkte: $U_E = 0$ V (d. h. Emitter an Masse) und Transistor T_1 leitend bzw. gesperrt ein.

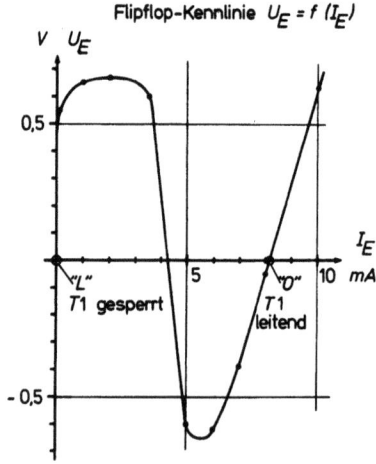

2. Zeichnen Sie nach Messung 9.2.2 I_B bzw. $I_B' = f(U_{BB})$ in ein Diagramm. Welche Bedeutung kommt der Schnittstelle der beiden Kurven zu?

Der Strom I_B' entspricht, da die Silizium-Diode D die
gleichen Eigenschaften wie die Emitter-Basis-Diode des
Silizium-Transistors T1 hat, dem Strom, der bei geschlossener Rückkopplung vom Ausgang $\bar{Q}$ zur Basis von
T1 fließen könnte. Deshalb wird das Flipflop bei der
zum Schnittpunkt $I_B' = I_B$ gehörenden Spannung schalten, da dann der Ausgang $\bar{Q}$ ausreichend Strom liefern
kann, um den Transistor T1 zu öffnen.

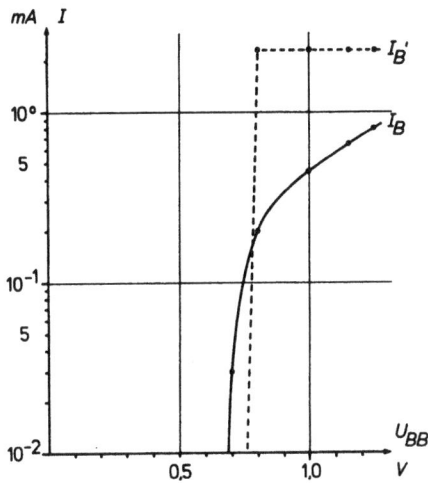

Basisstrom I_B und Rückkopplungsstrom I_B' als Funktion der Eingangsspannung U_{BB}

3. Zeichnen Sie die Übertragungskennlinien nach den Messungen
   9.2.3 und 9.2.4 nebeneinander in Diagramme ein. Wodurch
   unterscheiden sich die Kurven?

   Im Gegensatz zu den stetigen Kurven der Messung
   ohne Rückkopplung zeigen die Kurven der Messung mit
   Rückkopplung die zum Umschalten des Flipflops gehörenden Sprungstellen.

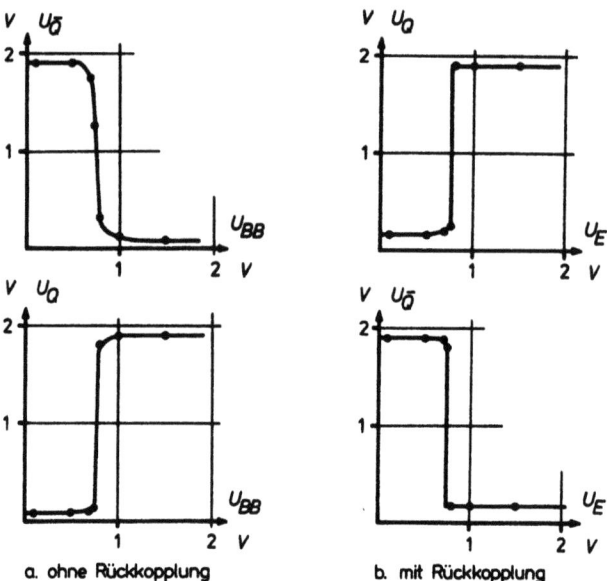

a. ohne Rückkopplung   b. mit Rückkopplung

Flipflopübertragungskennlinien

4. Versuchen Sie die maximale Taktfrequenz anzugeben, mit der das RTL-Flipflop betrieben werden kann. Die Dauer der Setz- bzw. Rücksetzimpulse kann gegenüber dem Zeitabstand Δt zwischen den Setz- und Rücksetzimpulsen vernachlässigt werden.

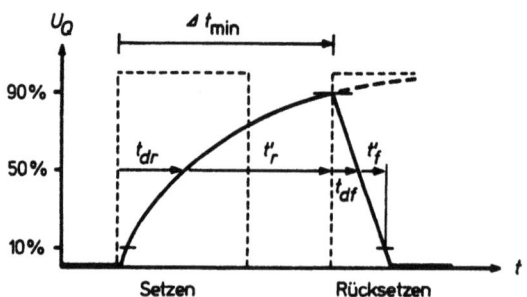

Fig. 9.6
Minimaler Zeitabstand zwischen Setzen und Rücksetzen

Der minimale Zeitabstand zwischen einem Setz- und Rücksetzimpuls hängt von den Schalt- und Verzögerungszeiten ab, da der jeweils nächste Impuls erst dann zulässig ist, wenn beide Ausgänge ihre Endwerte annähernd (10 % bzw. 90 % - Punkte) erreicht haben. Wie Fig. 9.6 zeigt, setzt sich die Zeit Δt aus einer Verzögerungszeit und einem Teil der Schaltzeit - von 50 % bis 90 % bzw. von 50 % bis 10 % der Signalamplitude - zusammen.

Danach gilt für Δt

$$\Delta t_{min} = \text{Max}\left[t_{dr} + t_r', \; t_{df} + t_f'\right].$$

Da die ansteigende Signalflanke eine Exponential - ($T = R \times C$) - Funktion ist, gilt für t_r' bei RTL und, wie Aufg. 6 gezeigt hat, auch für DTL

$$t_r' \approx 0.67 \times t_r.$$

Die abfallende Flanke kann annähernd als linear angesehen werden, so daß für t_f' gilt

$$t_f' \approx 0.5 \times t_f.$$

Beide Beziehungen eingesetzt, ergibt sich

$$\Delta t_{min} \approx \text{Max}\left[t_{dr} + 0.67 \times t_r, \; t_{df} + 0.5 \times t_f\right]$$

und mit eingesetzten Meßwerten

$$\Delta t_{min} \approx \text{Max}\left[32 + 0.67 \times 52, \; 24 + 0.5 \times 22\right] \text{ ns}$$

$$\Delta t_{min} \approx 67 \text{ ns}.$$

Die maximale Taktfrequenz ist dann

$$T_{max} = 1 / \Delta t_{min}$$
$$T_{max} = 15 \text{ MHz}.$$

5. Wie groß wäre im Gegensatz dazu die maximale Taktfrequenz eines Flipflops in ECL-Technik?

Da bei ECL wie bei TTL beide Signalflanken annähernd linear sind, gilt für

$$\Delta t_{min} = \text{Max}\left[t_{dr} + 0.5 \times t_r, \; t_{df} + 0.5 \times t_f\right].$$

Mit den Meßwerten der Aufgabe 6 ergibt sich dann

Δt_{min} = Max $[6 + 3.5, 6 + 4.0]$ = 10 ns

und für die maximale Taktfrequenz

T_{max} = 100 MHz.

10 Tunneldiode

10.1 Allgemeine Grundlagen

Die Tunnel- oder Esakidiode (so bezeichnet nach dem Entdecker des ihrer Wirkungsweise zugrunde liegenden physikalischen Effektes, dem Japaner Esaki) hat als aktives Element vielseitige Anwendungsmöglichkeiten in Verstärkerschaltungen mit Grenzfrequenzen im GHz-Bereich sowie in elektronischen Rechenanlagen als extrem schneller Schalter und vor allem als bistabiles Speicherelement. Die Tunneldiode besteht aus zwei p- bzw. n-dotierten Gebieten eines Halbleitermaterials mit sehr hoher Störstellenkonzentration, zwischen denen sich eine extrem schmale pn-Sperrschicht ausbildet. Die Besonderheit dieses pn-Übergangs liegt darin, daß er entsprechend Fig. 10.1 zu einem fallenden Teil in der Gleichstrom/Gleichspannungs-Kennlinie der Tunneldiode führt. Nach Esaki beruht die Entstehung dieses Kennlinienteils auf einem quantenmechanischen Effekt, auf

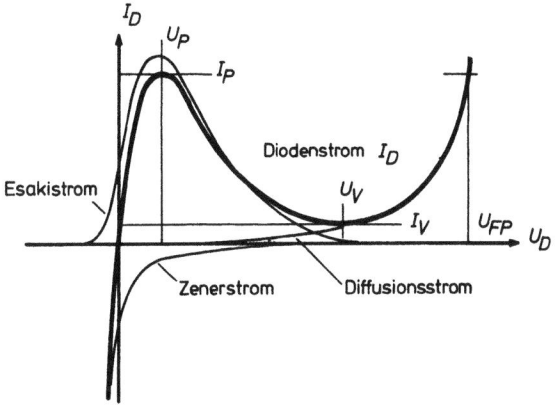

Fig. 10.1   Tunneldioden-Kennlinie

Grund dessen beispielsweise Elektronen eine schmale Sperrschicht mit einer gewissen Wahrscheinlichkeit in beiden Richtungen durchdringen können. Da die Elektronen die schmale Sperrschicht annähernd mit Lichtgeschwindigkeit "durchtunneln", setzt ein Abfall der Verstärkung auf Grund von Laufzeiteffekten erst im GHz-Bereich ein. Die Tunneldiode kann deshalb zur Erzeugung bzw. Verstärkung extrem hoher Frequenzen bzw. als Schalter mit äußerst kurzer Schaltzeit eingesetzt werden. Gegenwärtig sind Tunneldioden-Schaltkreise mit Schaltzeiten unter 10^{-9} s herstellbar.

In Fig. 10.1 ist als Beispiel die Kennlinie einer Tunneldiode dargestellt. Eine solche Kennlinie läßt sich durch das Zusammenwirken dreier Sperrschichtströme, des Zenerstromes I_Z, des Esaki-Stromes I_E und des Fluß- oder Diffusionsstromes I_F erklären. Der Zenerstrom I_Z stellt die in Sperrichtung fließende Tunnelstrom-Komponente des Diodenstromes dar. Er wächst für negative Spannungswerte steil an, bis es zum völligen Stromdurchbruch kommt. Der Esaki-Strom I_E stellt die in Flußrichtung fließende Tunnelstrom-Komponente des Diodenstromes dar. Dieser Tunnelstrom hat bei einem Spannungswert von ca. 60 mV ein Maximum und fällt mit weiter wachsender Spannung und dem damit verbundenen Verschwinden der Sperrschicht schnell gegen Null ab. Für Spannung über etwa 300 mV setzt ähnlich wie bei weniger hoch dotierten Dioden (Dioden ohne Tunneleffekt) der Diffusionsstrom I_F ein. Der Gleichstrom I der Tunneldiode ist somit allgemein

$$I = I_Z + I_E + I_F.$$

Unterhalb 300 mV ist dabei I_F gegenüber den beiden anderen Strömen I_Z und I_E vernachlässigbar, oberhalb 400 mV sind I_Z und I_E gegenüber I_F vernachlässigbar.

Bei der Strom/Spannungskennlinie sind folgende Bezeichnungen zur Kennzeichnung des Kennlinienverlaufs üblich:

I_P Höckerstrom
U_P zugehörige Höckerspannung
I_V Talstrom
U_V zugehörige Talspannung
U_{FP} zweite zu I_P gehörende Spannung.

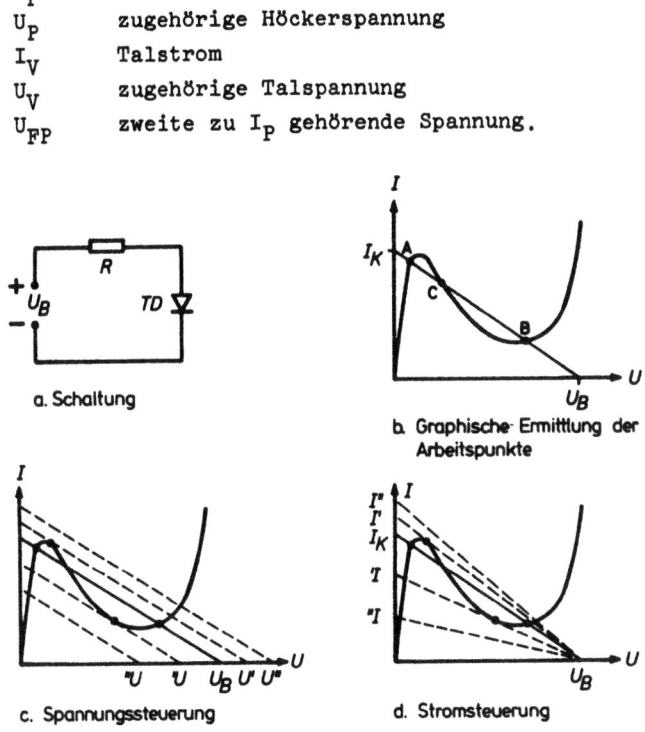

Fig. 10.2
Tunneldiode als bistabiles Speicherelement

Als bistabiles Speicherelement kann die Serienschaltung einer Tunneldiode mit einem Ohm'schen Widerstand verwendet werden. Wie Fig. 10.2 zeigt, schneidet die Widerstandsgerade die Tunneldioden-Kennlinie bei geeigneter Wahl der Betriebsspannung U_B und geeigneter Widerstandsgröße $R = U_B/I_K$ in 3 Punkten A, B und C. Von diesen Punkten sind nur die Punkte A und B stabile Arbeitspunkte. Diesen beiden stabilen Zuständen können die Speicherwerte "0" und "L" zugeordnet werden. Die wahlweise Einstellung von einem dieser Zustände kann sowohl durch eine Spannungs- als auch durch eine Stromsteuerung erreicht werden. So geschieht z. B. die Spannungssteuerung (Fig. 10.2c) durch Variation der Spannung U_B, was einer Parallelverschiebung der Widerstandsgeraden entspricht. Stellt man von 0 kommend die Spannung U_B ein, so wird der stabile Zustand A erreicht. Durch eine Erhöhung der Spannung bis U' wird der Arbeitspunkt auf der Tunneldioden-Kennlinie so verschoben, daß die Widerstandsgerade zur Tangente wird. Bei weiterer Spannungserhöhung auf U" muß der Arbeitspunkt nun auf den zweiten ansteigenden Kennlinienteil umspringen. Nach dem Absinken der Spannung auf U_B befindet sich das System im Zustand B. Analog führt eine geeignete Spannungserniedrigung auf "U zum Zurückschalten in den Zustand A. Bei der Stromsteuerung (Fig. 10.2d) hingegen wird dem Widerstand R ein geeigneter Widerstand R' parallel geschaltet, was einer Drehung der Widerstandsgeraden um die konstante Betriebsspannung U_B entspricht. Durch Drehung der Widerstandsgeraden über die Tangentenstellungen hinaus auf I" bzw. "I, kann das Umschalten von A nach B bzw. von B nach A erreicht werden.

10.2 Messungen

Meßobjekt: Germanium-Tunneldiode

1. Messen Sie mit Schaltung 10.1 eine Tunneldioden-Kennlinie $I_D = f(U_D)$ für

U_D = 20   40   60   65   70   150   250   300   400   500   525 mV
I_D = 9.5 16.3 20.5 20.8 20.6 13   6   4.2   2.0   10.3 20 mA

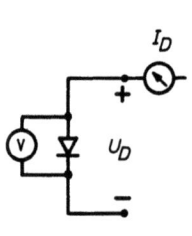

Schaltung 10.1

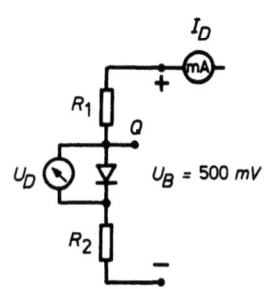

Schaltung 10.2

2. Messen Sie in Schaltung 10.2 die Wertepaare U_D/I_D für die
   beiden Arbeitspunkte A = "O" und B = "L".
   (Einstellen von "O": Ausgang Q mit "-" verbinden,
    Einstellen von "L": Ausgang Q mit "+" verbinden)

   "O" = 45 mV / 18.2 mA
   "L" = 433 mV / 2.6 mA

3. Messen Sie mit Schaltung 10.3 das Setzen eines TD-Flipflops über den Steuereingang S'. Erhöhen Sie dazu den
   Strom $I_{S'}$ mit 1 mA beginnend um jeweils 1 mA bis zum
   Umschalten des TD-Flipflops. Lesen Sie zu jedem $I_{S'}$-Wert
   den Wert des Stromes I ab und bilden Sie die Summe
   $I_D = I_{S'} + I$.

$I_{S'}$ =	1	2	3	4	5	mA	
I =	17.8	17.4	17.1	16.8	-3	mA	
I_D	18.8	19.4	20.1	20.8	2	mA	$I_D = I_{S'} + I$

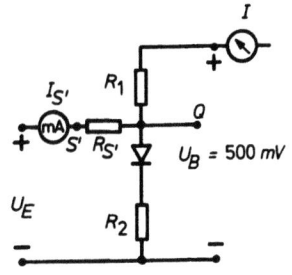
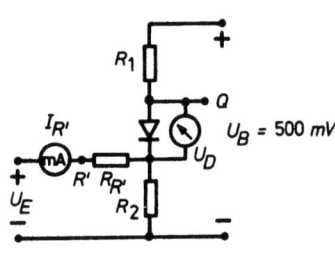

Schaltung 10.3   *Schaltung 10.4*

4. Messen Sie mit Schaltung 10.4 das Rücksetzen eines
   TD-Flipflops über den Steuereingang R'. Erhöhen Sie
   dazu den Strom $I_{R'}$ mit 5 mA beginnend um jeweils
   1 mA bis zum Umschalten des TD-Flipflops. Lesen Sie
   zu jedem Wert von $I_{R'}$ den Wert der Spannung U_D ab.

$I_{R'}$ =	5	6	7	8	9	10	mA
U_D =	400	390	380	370	355	35	mV

5. Messen Sie mit Schaltung 10.5 die Schaltzeiten eines
   TD-RS-Flipflops. (Die Eigenanstiegszeit t_{osz} des mV-
   Oszillographenverstärkers beträgt 10 ns).

   $t_{rQ} \approx 10$ ns
   $t_{fQ} \approx 10$ ns

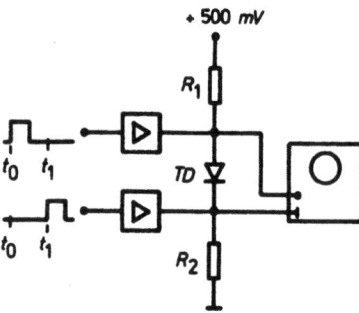

Schaltung 10.5

10.3 Auswertung

1. Zeichnen Sie mit den Werten aus 10.2.1 die Tunneldioden-
   Kennlinie $I_D = f(U_D)$.

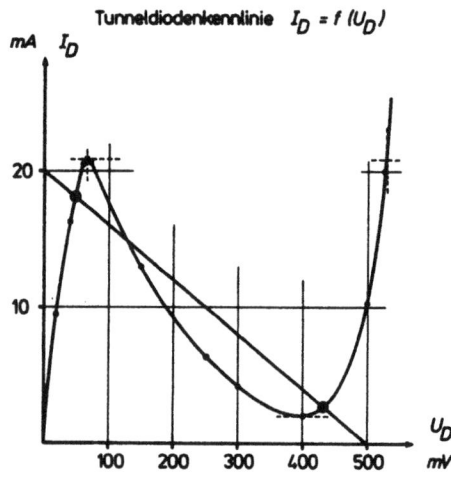

2. Zeichnen Sie die Arbeitspunkte aus 10.2.2 in das Kennlinien-Diagramm ein. Wie groß sind der Arbeitswiderstand $R = R_1 + R_2$ und bei $R_1 : R_2 = 1.5$ die Widerstände R_1 und R_2?

3. Bestimmen Sie aus dem Diagramm die Werte für U_P, U_{FP}, I_P und I_V.

   Die Widerstandsgerade liefert die Schnittpunkte
   $U_B = 500$ mV $I_R = 20$ mA.

   Daraus ergibt sich R zu
   $R = U_B/I_K = 25$ Ω
   und
   $R_1 = 15$ Ω
   $R_2 = 10$ Ω.

   Die Tunneldioden-Kennwerte sind
   U_P =   65   mV
   U_{FP} = 530   mV
   I_P =   20,8 mA
   I_V =   2,0 mA.

4. Von den Umschaltungen in 10.2.3 und 10.2.4 geschieht eine durch Spannungs- und die andere durch Stromsteuerung. Geben Sie an, bei welcher Messung Spannungs- bzw. Stromsteuerung vorliegt.

   Bei der Messung 10.2.3 wird über den Eingang S' ein zusätzlicher Strom eingespeist, der den Tunneldiodenstrom erhöht. Das Setzen des Tunneldioden-Flipflops geschieht daher durch Stromsteuerung.
   Bei der Messung 10.2.4 erzeugt der Strom über den Eingang R' einen zusätzlichen Spannungsabfall am Widerstand R_2, der sich als eine Verringerung der Spannung U_D auswirkt. Das Rücksetzen des Tunneldioden-Flipflops geschieht daher durch Spannungssteuerung.

5. Wie die Messung 10.2.5 gezeigt hat, liegen die Schaltzeiten des Tunneldioden-Flipflops so weit unter der Eigenanstiegszeit des Oszillographen, daß auch eine Korrektur entsprechend

$$t_{r,f} = \sqrt{t_{r,f \text{ gemessen}}^2 - t_{osz}^2}$$

keine genauen Werte liefert. Berechnen Sie deshalb die Schaltzeit entsprechend

$$t_{r,f} = C_{TD} \times (U_{FP}-U_P)/(I_P-I_V)$$

mit

C_{TD} = 80 pF.

$t_{r,f}$ = 80 × 10^{-12} × (0.53-0.065)/(20.8×10^{-3}-2×10^{-3}) s
$t_{r,f}$ = 2 ns.

11 Ferritkern

11.1 Allgemeine Grundlagen

Von mechanischen Speichern, wie z. B. Kippschaltern oder Lochkarten, abgesehen, können die Speicher digitaler, elektronischer Rechenanlagen nach ihrem Arbeitsprinzip in Rückkopplungs-, Energie- und Strukturspeicher eingeteilt werden. Bei Rückkopplungsspeichern werden, wie in Aufgabe 9 und 10 gezeigt, Elemente verwendet, die infolge äußerer (schaltungstechnischer) oder innerer Rückkopplung eine Strom-Spannungs-Kennlinie mit einem Bereich negativer Steigung aufweisen. Beispiele hierfür sind das Transistor-Flipflop und die Tunneldiode. Bei diesen Speichern ist zur Erhaltung des Speicherzustandes eine dauernde Energiezufuhr notwendig. Bei Ausfall der Versorgungsspannung geht die gespeicherte Information sofort verloren. Der Energieverbrauch ist daher beträchtlich, und die Kosten je Speicherelement sind im allgemeinen sehr hoch. Dieser Speichertyp wird daher nur bei kleinen Speicherkapazitäten verwendet.

Zu den Energiespeichern zählen elektrische und akustische Laufzeitspeicher, ferner elektrostatische Speicherröhren und andere kapazitive Speicher. Allen diesen Speichertypen ist gemeinsam, daß von Zeit zu Zeit eine Regenerierung des Speicherinhaltes notwendig ist, damit dieser nicht verloren geht. Diese Regeneration bedingt oft teure elektronische Einrichtungen und stört die freie Verwendung des Speichers. Bei längerem Ausfall der Stromversorgung geht ebenfalls die gespeicherte Information verloren.

Bei Strukturspeichern letztlich wird von der Tatsache Gebrauch gemacht, daß bei manchen festen Körpern durch elektromagnetische Felder, Elektronenbestrahlung u. ä. die Struktur in umkehrbarer Weise veränderlich ist. Die bekannteste umkehrbare Änderung dieser Art ist die ferromagnetische Hysterese, die die Grundlage für Magnetband-, Magnettrommel- und Ferritkernspeicher bildet, die z. Z. wichtigsten Speicher datenverarbeitender Anlagen. Bei diesen Speichern werden zur Zeit fast ausschließlich Ferritmaterialien für die Informationsspeicherung verwendet. Fig. 11.1 zeigt die sogenannte Werkstoff-Hystereseschleife eines Ferrites. Sie gibt für eine Materialprobe den Zusammenhang zwischen der Feldstärke H und der Induktion B bei langsamer Ummagnetisierung wieder. Die Kurve zeigt, daß der Zusammenhang zwischen diesen beiden Größen nicht eindeutig ist. Wird nämlich das Material zwischen den Maximal-Werten $+H_m$ und $-H_m$ mehrmals ummagnetisiert, so sind bei H = 0 für die Induktion zwei Werte, nämlich $+B_r$ und $-B_r$ möglich.

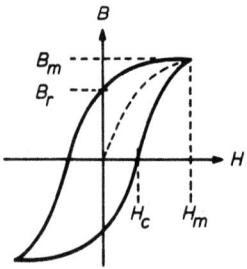

Fig. 11.1
Zusammenhang zwischen der Feldstärke H und der Induktion B beim Ummagnetisieren ferromagnetischer Wirkstoffe

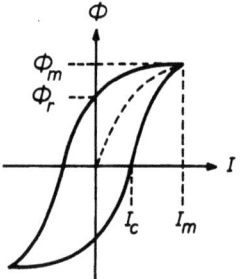

Fig. 11.2
Zusammenhang zwischen dem Fluß Φ und dem Magnetisierungsstrom I beim Ummagnetisieren eines Ringkernes

Diese beiden Punkte werden als Remanenzpunkte bezeichnet. Welcher dieser beiden Zustände bei H = 0 im Material eingestellt bleibt, kann gesteuert werden. Wenn die Feldstärke von $+H_m$ aus nach Null geändert wird, bleibt die magnetische Induktion des Materials im Remanenzpunkt $+B_r$. Wird dagegen die Feldstärke von $-H_m$ aus nach Null geändert, so bleibt das Material im Zustand $-B_r$.

Wird aus einem solchen Ferritmaterial ein Ringkern hergestellt und ein Draht hindurchgeführt, so kann der Kern durch Stromimpulse ummagnetisiert werden. Dabei entsteht in der Drahtschleife eine Gegenspannung: $U_m = -d\Phi/dt$, wobei Φ der magnetische Fluß im Kernquerschnitt ist. Den Zusammenhang zwischen $\Phi = \int U_m dt$ und dem im Draht fließenden Strom I gibt die Kern-Hystereseschleife $\Phi = f(I)$ (Fig. 11.2) an. Sie ist abhängig von den magnetischen Eigenschaften des verwendeten Materials und der Kerngeometrie. Ähnlich der Material-Hystereseschleife (Fig. 11.1) wird bei der Kern-Hystereseschleife ein Remanenzfluß Φ_r und ein "Koerzitivstrom" I_c definiert. Die geometrischen Verhältnisse des Kernes, insbesondere Innen- und Außendurchmesser, Höhe sowie Konstanz des Querschnittes bestimmen den Zusammenhang zwischen der Material- und der Kern-Hystereseschleife (Fig. 11.3).

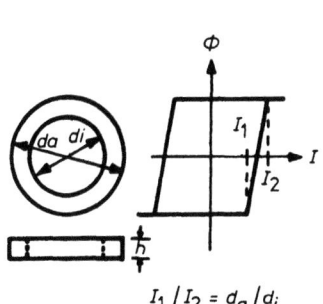

$I_1 / I_2 = d_a / d_i$

Fig. 11.3
Kern-Hystereseschleife
bei idealem Werkstoff

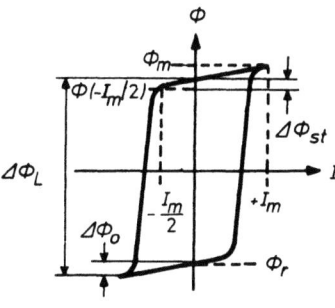

Fig. 11.4
Typische Kern-
Hystereseschleife
mit hohem Rechteckig-
keitsverhältnis
$r_r = \Phi(-I_m/2)/\Phi_m$

Für jedes Bit der zu speichernden Information wird ein Ferritkern verwendet. Dem Zustand $+\Phi_r$ wird z. B. der Wert "L", dem Zustand $-\Phi_r$ der Wert "O" zugeordnet. Soll die Information gelesen werden, so muß in dem durch den Kern geführten Draht ein Strom $-I_m$ fließen. War der Kern z. B. im Zustand "L", so ergibt sich eine Flußänderung $\Delta\Phi_L = \Phi_m + \Phi_r$, war er jedoch im Zustand "O", so ergibt sich

$\Delta\Phi_0 = \Phi_m - \Phi_r$ (Fig. 11.4). Diese Flußänderungen rufen in einem zweiten durch den Kern geführten Draht, dem Lesedraht, Spannungsimpulse hervor, die sich für $\Delta\Phi_L$ bzw. $\Delta\Phi_0$ in der Form und vor allem in der Amplitude voneinander unterscheiden. Um den Unterschied möglichst groß zu machen, ist es notwendig, das Remanenzverhältnis $r_r = \Phi_r / \Phi_m$ der Kerne möglichst gleich 1 zu machen und dadurch annähernd $\Delta\Phi_0 = 0$ zu erreichen.

Bei dieser Art, die gespeicherte Information zu lesen, ist jedoch zu beachten, daß sie beim Lesen verloren geht. Es ist daher notwendig, während bei einer gelesenen "0" darauf verzichtet werden kann, eine "L" durch einen zweiten Stromimpuls mit $+I_m$ zurückzuschreiben.

Das Arbeiten mit Strömen der Größe I_m bedeutet jedoch, daß alle Kerne, durch die der Draht für den Lesestrom geführt wird, gelesen und damit gelöscht werden. Soll dies vermieden werden, müßte jeder Kern seinen eigenen Lesestromdraht haben. Die Folge wäre ein enormer Schaltungsaufwand, da ein typischer Kernspeicher etwa 10^7 Ringkerne enthält. Um den Schaltungsaufwand in einem Ferritkernspeicher gering zu halten, wird daher nicht mit Strömen der Größe $+I_m$ und $-I_m$ gearbeitet, sondern nach dem sogenannten Stromkoinzidenz-Prinzip mit je zwei Strömen $+I_m/2$ bzw. $-I_m/2$ (Fig. 11.5). Soll nun z. B. die Information des Kernes 1 gelesen werden, so muß über den Zeilendraht Z_1 und über den Spaltendraht S_1 jeweils zeitgleich $-I_m/2$ fließen. Der Kern 1 wird dann von Strom $-I_m$ durchflossen und gelesen. Die Kerne 2 und 3 hingegen werden nur von einem Strom $-I_m/2$ durchflossen und behalten dadurch ihre Information. Das Lesesignal setzt sich nun aber aus dem Nutzsignal des zu lesenden Kernes und der Summe der Störsignale der von $-I_m/2$ durchflossenen Kerne zusammen. Das Störsignal entsteht durch die (Fig. 11.4) auftretende Flußänderung $\Delta\Phi_{st} = \Phi_r - \Phi(-I_m/2)$. Durch geeignete Führung des Lesedrahtes kann jedoch erreicht werden, daß die eine Hälfte der vom Strom $-I_m/2$ gestörten Kerne ein Störsignal mit positivem Vorzeichen und die andere Hälfte der gestörten Kerne eins mit negativem Vorzeichen zum gesamten Signal beiträgt. Das Lesesignal besteht dann wieder wie beim Lesen aus einem Einzelkern in guter Näherung nur aus dem Nutzsignal. Zur Erläuterung ist in Fig. 11.5 für die Kerne 2 und 3 die Stromkomponente in Lesedrahtrichtung eingezeichnet. Da die Stromrichtungen in den Kernen 2 und 3 gegensinnig sind, sind auch die zugehörigen Störsignale gegensinnig.

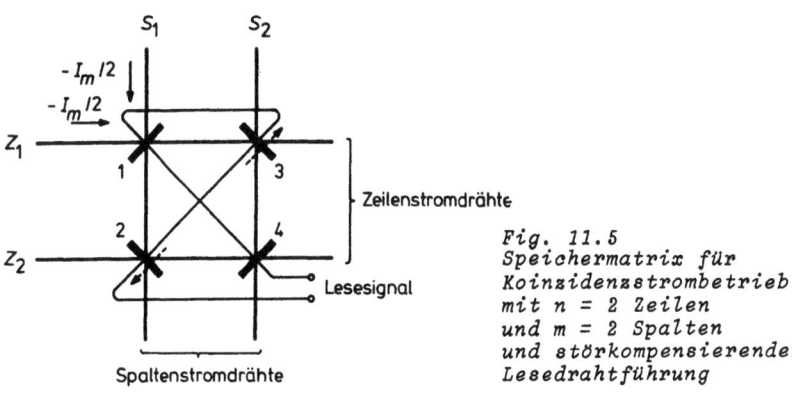

Fig. 11.5
Speichermatrix für
Koinzidenzstrombetrieb
mit n = 2 Zeilen
und m = 2 Spalten
und störkompensierender
Lesedrahtführung

11.2 Messungen

Meßobjekt: Ferritringkern
FXC-6D3 (d_a / d_i = 1.95 mm / 1.28 mm)

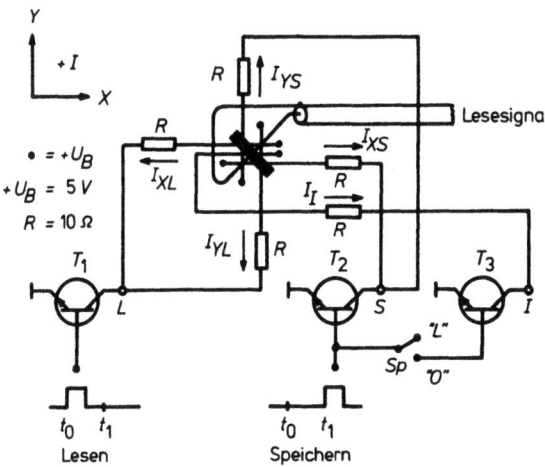

Schaltung 11.1

1. Verbinden Sie die Eingänge "Lesen" und "Speichern" der Schaltung 11.1 entsprechend den angegebenen Zeitdiagrammen mit den Ausgängen des Impulsgenerators und bringen Sie den Schalter Sp in die Stellung *Speichern* "*L*".

   a. Messen Sie mit einem Oszillographen die Spannungssignale an den Meßpunkten L, I und S der Schaltung 11.1.

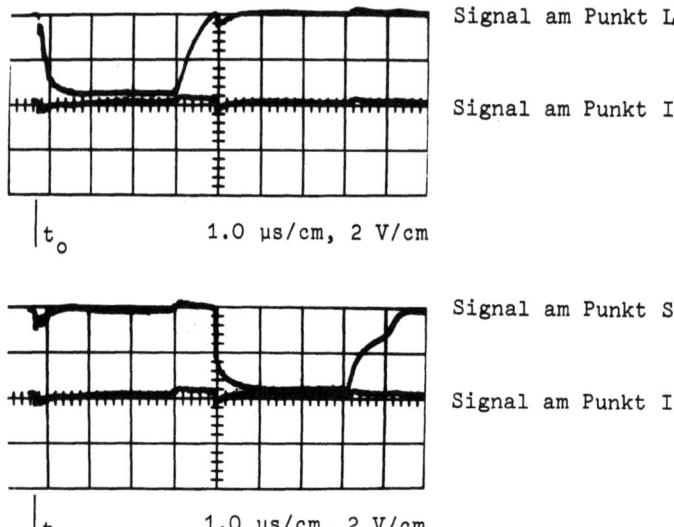

   b. Messen Sie die Spannungsform des Lesesignals in Schaltung 11.1 und lesen Sie folgende Werte ab:

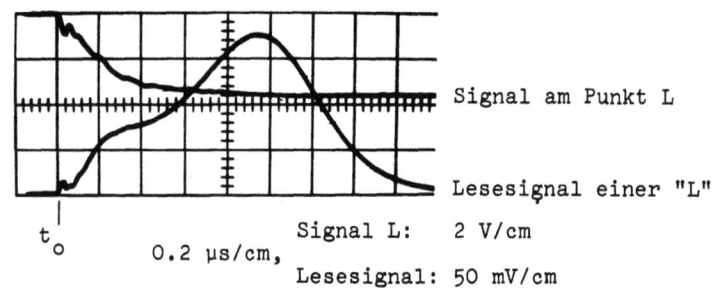

maximale Amplitude U_m = *175* mV

Schaltzeit des Ferritkernes t_s = *1.5* µs
(Zeit zwischen 10 % von U_m
auf den Signalflanken)

Zugriffszeit des Ferritkernes t_m = *0.98* µs
(Zeit zwischen dem Anfang
des Leseimpulses und dem
Maximum des Lesesignals).

c. Messen Sie die Spannung U_N des Lesesignals zum Zeitpunkt

t =	$0.9 \times t_m$	t_m	$1.1 \times t_m$	
U_N =	*150*	*175*	*148*	mV.

2. Bringen Sie nun den Schalter Sp in die Stellung Speichern "0".

   a. Wiederholen Sie die Messung 1.a.

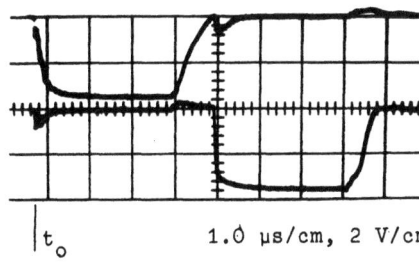

Signal am Punkt L

Signal am Punkt I

t_0 1.0 µs/cm, 2 V/cm

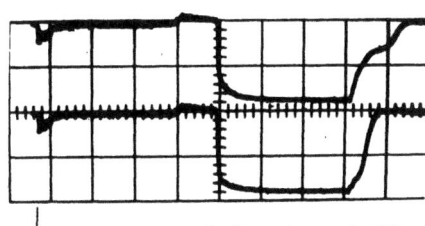

Signal am Punkt S

Signal am Punkt I

t_0 1.0 µs/cm, 2 V/cm

b. Messen Sie erneut die Spannungsform des Lesesignals und seine maximale Amplitude $U_{m\ st}$.

$$U_{m\ st} = 42 \text{ mV}$$

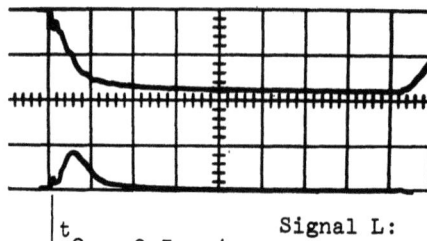

Signal am Punkt L

Lesesignal einer "0"

$|t_o$ 0.5 µs/cm,   Signal L: 2 V/cm
Lesesignal: 50 mV/cm

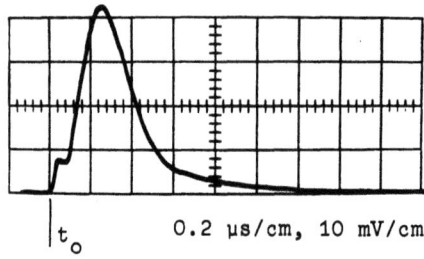

Lesesignal einer "0"

$|t_o$ 0.2 µs/cm, 10 mV/cm

c. Messen Sie die Spannung U_{st} des Lesesignals zum Zeitpunkt

t =	0.9 x t_m	t_m	1.1 x t_m	
U_{st} =	1	2	3	mV.

11.3 Auswertung

1. Zeichnen Sie mit den Meßwerten aus 11.2.1 ein Zeitdiagramm für die Leseströme I_{XL}, I_{YL}, die Speicherströme I_{XS}, I_{YS}, den Strom I_I, die Summe aller Ströme und das Lesesignal.

Der Spannungsabfall U_R an den Widerständen R durch das Einschalten der Transistoren ist nach 11.2.1 a
$U_R = 3.9$ V.

Die Größe der Ströme ist demnach
$|I_{XL}| = |I_{YL}| = |I_{XS}| = |I_{YS}| = U_R/R = 390$ mA.

Nach der Vorzeichenregel in Schaltung 11.1 sind die Ströme

I_{XL}, I_{YL} und I_I negativ

und die Ströme

I_{XS} und I_{YS} positiv.

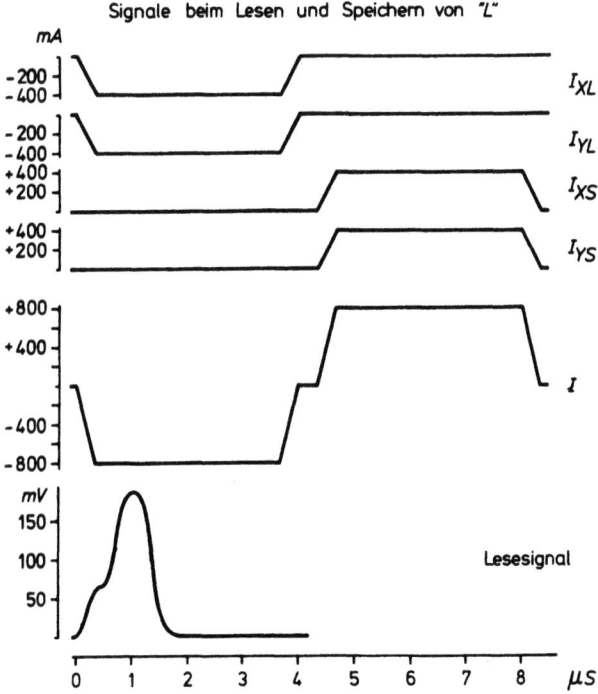

2. Zeichnen Sie das gleiche Diagramm mit den Meßwerten aus 11.2.2.

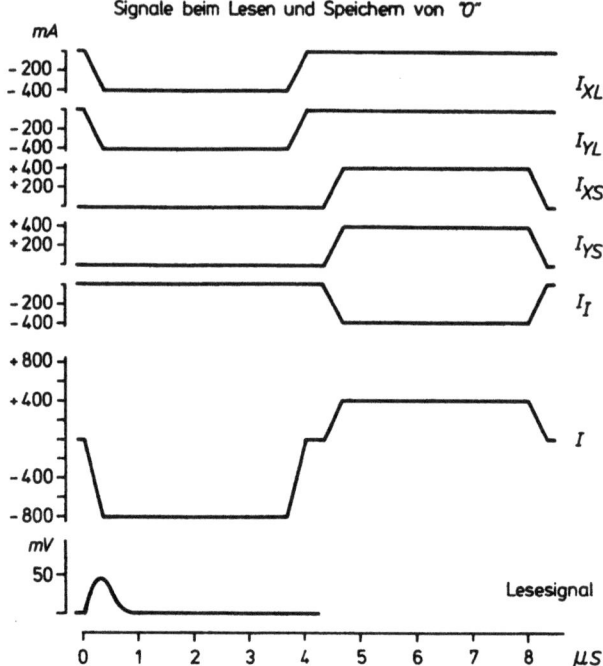

3. Wie ist der Unterschied des Lesesignals in Diagramm 11.3.1 zu dem des Diagramms 11.3.2 zu erklären?

> Bei der Messung 11.2.2 ist die Summe I_S der Speicherströme durch das Einschalten eines Stromes $I_I = -I_m/2$:
> $I_S = I_{XS} + I_{YS} + I$
> $\quad = + I_m/2 + I_m/2 + (-I_m/2)$
> $I_S = I_m/2$
> Dieser Strom ist nicht ausreichend, um den Kern in den Zustand "L" zu versetzen. Der Kern bleibt nach dem Lesen im Zustand "0".

4. Wie groß ist das als Stör/Nutzverhältnis bezeichnete Verhältnis der maximalen Signalamplitude einer gelesenen "L" zu einer gelesenen "0"?

$$V_{st/N} = U_m / U_{m\,st}$$
$$V_{st/N} = 175 / 42 \approx 4$$

5. Gewöhnlich wird jedoch die Spannung des Lesesignals zum Zeitpunkt t_m abgefragt und ausgewertet.[1] Berechnen Sie deshalb das Stör/Nutzverhältnis für die Zeitpunkte t_m und $t_m \pm 0.1 \times t_m$.

t =	$0.9 \times t$	t_m	$1.1 \times t_m$
$V_{st/N}$ =	50	88	148

6. Das Rückschreiben kann erst begonnen werden, wenn das Umschalten des Kernes beim Lesen beendet ist (ungefähr nach $1.5 \times t_s$). Ebenso kann mit einem erneuten Lesen erst nach der Beendigung des Umschaltens des Kernes beim Rückschreiben begonnen werden. Wie groß ist demnach die minimale Zeit t_z für einen vollen Zyklus Lesen - Rückschreiben?

   $$t_z \approx 2 \times 1.5 \times t_s$$
   $$t_z \approx 4.5 \;\mu s.$$

---

[1] Deshalb für die Zeit t_m die Bezeichnung Zugriffszeit.

Literaturverzeichnis

1. Hibberd, R.G.: Theorie und Praxis der Halbleiter.
   Orbit-Rundschau der fortgeschrittenen
   Elektronik (7/67 - 9/68).

2. Hibberd, R.G.: Grundlagen integrierter Schaltungen.
   Orbit-Rundschau der fortgeschrittenen
   Elektronik (1/69 - 1/70).

3. Dokter, F. und Steinhauer, J.: Digitale Elektronik.
   Hamburg: Philips Fachbücher.

4. Spenke, E.: Elektronische Halbleiter. Berlin - Göttingen - Heidelberg: Springer-Verlag.

5. Röschlau, H.: Handbuch der angewandten Impulstechnik.
   Hamburg: Decker's Verlag.

6. Lewicki, A.: Einführung in die Mikroelektronik.
   München: Oldenbourg-Verlag.

7. Winckel, F.: Technik der Magnetspeicher.
   Berlin - Göttingen - Heidelberg: Springer-Verlag.

8. Shea, F.F.: Transistortechnik. Stuttgart: Berliner Union.

Sachverzeichnis

Abtastzeitpunkt 87
Addiernetz 96, 101
Arbeitspunkt 34, 37, 43, 44
Arsen 4
Atom 3
Ausgangskennlinie eines
 Transistors 22, 30
Ausgangskennliniendiagramm
 der Basisschaltung 23
Ausgangskennliniendiagramm
 der Emitterschaltung 25, 37
Ausgangskennliniendiagramm
 eines MOS-Feldeffekt-
 transistors 32
Ausgangssignal 36, 39, 41,
 43
Ausgangsverzweigung 76, 83
Ausgangswechselleistung 45
Ausschaltverzögerungszeit
 50, 60
Ausschaltzeit 49, 50

Basis 17
Basisschaltung 19, 21
Basisstrom 18, 19, 36, 37,
 44, 47
Basisstromübersteuerung 53,
 54, 55
Binärwert 86
bistabil 103, 107, 113, 115
Boole'sche Beziehung 58

CML-Technik 63, 65

Dauerdurchlaßstrom 8
Dauersperrstrom 8
DCTL-Technik 58, 59
De Morgan-Theorem 79
Diffusionsstrom 114
Diode 7, 8, 11, 12, 13, 58,
 61, 62, 114
Diodenkennlinie 8
Disjunktion 57
Drain 26, 29
Drainstrom 29, 33
DTL-Technik 61, 75, 76, 89

Durchbruchspannung 7
Durchlaßerholzeit 10, 12
Durchlaßkennlinie 11, 13
Durchlaßrichtung 5, 6, 8,
 15
Durchlaßspannung 24
dynamische Eigenschaften
 einer Diode 8
dynamische Eigenschaften
 des Transistors 48
dynamisches Schaltverhalten
 einer Diode 12

ECL-Technik 63, 75, 111
ECTL-Technik 63, 65
Eigenleitung 3, 38
Eingangskennlinie eines
 Transistors 22, 24
Eingangssignal 36, 38, 39
 44
Eingangswechselleistung 45
Einschaltschwelle 103
Einschaltverzögerungszeit
 50, 60
Einschaltzeit 48, 49, 50,
 55
Elektron 3, 4
Elektronenhülle 3
elektronischer Schalter 47
Emitter 17, 36
Emitterschaltung 19, 22,
 24, 36, 37, 47, 49
Emitterstrom 18, 19, 36
Energiespeicher 121
Ersatzschaltbild des
 Transistors 38, 39
Erwärmung 38
Esaki 113
Esakistrom 114

Fan-out 76, 83, 84, 85
Feldeffekttransistor 26,
 29
Feldstärke 122
Ferritkern 121, 125, 127

Flipflop 103, 104, 105, 106, 117, 118, 121
Flipflop-Kennlinie 106, 108, 118
Flipflop-Übertragungskennlinie 100
Fourier-Methode 50
Frequenz 39, 42, 46, 50

Gate 26, 29
Germanium 3, 24
Germaniumdiode 11
Germaniumkristall 4
Grenzfrequenz 46, 50, 113

Halbaddierer 89, 93, 94, 101
Halbleiter 3, 4, 5, 8
Halbleiter-Atomgitter 4
Halbleiter-Diode 3, 5, 7, 8
Höckerspannung 115
Höckerstrom 115
Hysterese 122, 123

ideale Verknüpfung 86
Indium 4
Induktion 122
Influenz 27, 28
Information 123, 124
integrierter Schaltkreis 61, 67

Kanal 26, 28
Kanalwiderstand 27
Kapazität des p-n-Überganges 8
Kernbindung 4
Kernladung 3
Kernspeicher 124
Koerzitivstrom 123
Kollektor 17, 36
Kollektorreststrom 36, 51
Kollektorschaltung 19
Kollektorstrom 18, 19, 36, 37, 44, 47
Kollektorwiderstand 36, 37
Konjunktion 57
Kurzzeichen 9, 19, 29, 39

Ladezeitkonstante 49
Leistungsverstärkung 45
Leitfähigkeit 3, 4, 5
Leitungskapazität 49
Lesedraht 124
Lesesignal 124, 125, 126 128
Lesestrom 128

magnetischer Fluß 123
Messungen 11, 21, 29, 40, 51, 69, 81, 88, 105, 116, 125
mittlere Schaltzeit 75
mittlere Signalverzögerungszeit 68, 75, 85
mittlere Verlustleistung 68, 69, 75
MOS-Feldeffekttransistor 27, 28, 30, 76, 77, 80
MOS-FET-Schaltkreise 76
MOS-Negator 78
MOS-Technik 78, 80
Multi-Emittertransistor 63

NAND-Gatter 59, 61, 63, 66, 79, 80, 89, 98
Negation 57, 59
Negator 59
n-Gebiet 5, 15, 17
NICHT-Gatter 57, 89
n-leitend 4
NOR-Gatter 59, 61, 66, 78, 89, 105
normierte Verstärkung 46
npn-Transistor 17, 19
Nutzsignal 124, 125

ODER-Gatter 57, 89
Ohm'sches Gesetz 7

p-Gebiet 5, 15, 17
p-leitend 5
p-n-Übergang 6, 7, 15, 16, 17, 24, 26, 113
pnp-Transistor 17, 18, 19

Quelle 26, 29

Raumladungsgebiet 5, 6, 8, 16
reale Verknüpfung 86
Rechteckigkeitsverhältnis 123
Rechteckimpulse 50
Rekombination 15
Remanenz 122
Remanenzfluß 123
Remanenzverhältnis 124
Ringkern 122, 123, 124, 125
RS-Flipflop 105
RTL-Technik 60, 75
Rückkopplung 105, 109, 121
Rückkopplungsspeicher 121
Rücksetzen 105, 107, 110, 117, 119

Sättigungsgebiet 47
Sättigungsspannung 37, 104
Schaltfunktion 80, 82
Schaltnetz 86, 87, 88, 91, 100
Schaltungssymbole 9, 19, 28, 39
Schaltzeit 52, 54, 55, 64, 68, 69, 70, 71, 72, 74, 76, 78, 83, 85, 108, 114, 118, 120, 127
Schaltzeitdefinitionen 50, 68, 107
Schaltzustand 58
Schwellenspannung 28, 33, 35
Senke 26, 29
Setzen 105, 107, 110, 117, 119
Shannon-Theorem 91
Signalfunktion 86, 87, 88, 95, 97, 99
Signalspannung 60
Signalverzögerung 59, 60, 61, 66
Signalverzögerungszeit 55, 59, 60, 68, 69, 85, 99, 101, 108
Silizium 3, 24, 26, 61, 104, 109
Siliziumdiode 11, 27
Siliziumoxyd 27
Source 26, 29
Substrat 28
Spaltendraht 124, 125
Spannungsdurchbruch 11
Spannungsfestigkeit 6
Spannungshub 61, 62, 66, 67, 77, 84
Spannungsimpuls 9
Spannungssteuerung 115, 119
Spannungsverstärkung 19, 34
Speicher 121, 122, 124
Speichermatrix 125
Speicherschaltkreis 103
Speicherstrom 128, 130
Speicherzeit 10, 12, 48, 50, 65
Sperrerholzeit 10,12
Sperrichtung 5, 6, 8, 16
Sperrkennlinie 11, 13
Sperrschichtkapazität 61, 67
Sperrstrom 6, 27, 59, 61, 62, 76
Sperrwiderstand 54
spezifischer Widerstand 4, 8

Steuerkennlinie 29, 31, 32, 33, 34, 40, 43, 44
Störabstand 68, 75, 84
Stör-Nutzverhältnis 130, 131
Störsicherheit 54
Störsignal 124,125
Störspannung 60, 61, 62, 64, 66, 68
Störstellen-Atomgitter 5
Störstellenleitung 4
Stromkoinzidenzprinzip 124
Strom-Spannungsdiagramm 6
Stromsteuerung 115, 119
Stromübertragungsverhältnis 18, 24
Stromverstärkungsfaktor 24, 39
Strukturspeicher 121

Taktfrequenz 87, 99, 100, 101, 102, 110, 111, 112
Taktzeit 87, 102
Talspannung 115
Talstrom 115
Temperatur 3, 51, 53, 60
Transistor 15, 16, 17, 21, 36, 58
Transistoraufbau 17
Transistoreffekt 17
Transistorschaltkreis 47
Transitfrequenz 46
TTL-Technik 63, 75, 76, 101
Tunneldiode 113, 114, 115, 121
Tunneldioden-Kennlinie 113, 115, 116, 118

Übersteuerung 48, 49
Übertragungskennlinie 60, 67, 74, 84, 106, 107, 109
UND-Gatter 57, 89

Valenzelektron 3
Verknüpfung 57
Verlustleistung 38, 48, 59, 66, 68, 69, 76
Verstärker 18, 36, 113
Verstärkung 60
Verzögerungsglied 87
Volladdierer 89, 93, 94, 101

Wärmebewegung 3, 4
Widerstandsgerade 13, 32, 33, 37, 48, 115, 119

Zeilendraht 124, 125
Zeitkonstante 61, 62, 68
Zeitschritt 87

Zenerstrom 114
Zugriffszeit 127, 131
Zykluszeit 131

Heidelberger Taschenbücher

Physik — Chemie — Technik — Mathematik — Wirtschaftswissenschaften

1. M. Born: Die Relativitätstheorie Einsteins. 5. Auflage. DM 10,80
2. K. H. Hellwege: Einführung in die Physik der Atome. 3. Auflage. DM 8,80
6. S. Flügge: Rechenmethoden der Quantentheorie. 3. Auflage. DM 10,80
7/8. G. Falk: Theoretische Physik I und I a auf der Grundlage einer allgemeinen Dynamik.
    Band 7: Elementare Punktmechanik (I). DM 8,80
    Band 8: Aufgaben und Ergänzungen zur Punktmechanik (I a). DM 8,80
9. K. W. Ford: Die Welt der Elementarteilchen. DM 10,80
10. R. Becker: Theorie der Wärme. DM 10,80
11. P. Stoll: Experimentelle Methoden der Kernphysik. DM 10,80
12. B. L. van der Waerden: Algebra I.
    8. Auflage der Modernen Algebra. DM 10,80
13. H. S. Green: Quantenmechanik in algebraischer Darstellung. DM 8,80
14. A. Stobbe: Volkswirtschaftliches Rechnungswesen. 2. Auflage. DM 12,80
15. L. Collatz/W. Wetterling: Optimierungsaufgaben. DM 10,80
16/17. A. Unsöld: Der neue Kosmos. DM 18,—
19. A. Sommerfeld/H. Bethe: Elektronentheorie der Metalle. DM 10,80
20. K. Marguerre: Technische Mechanik. I. Teil: Statik. DM 10,80
21. K. Marguerre: Technische Mechanik. II. Teil: Elastostatik. DM 10,80
22. K. Marguerre: Technische Mechanik. III. Teil: Kinetik. DM 12,80
23. B. L. van der Waerden: Algebra II.
    5. Auflage der Modernen Algebra. DM 14,80
26. H. Grauert/I. Lieb: Differential- und Integralrechnung I.
    2. Auflage. DM 12,80
27/28. G. Falk: Theoretische Physik II und II a.
    Band 27: Allgemeine Dynamik. Thermodynamik (II). DM 14,80
    Band 28: Aufgaben und Ergänzungen zur Allgemeinen Dynamik und Thermodynamik (II a). DM 12,80
30. R. Courant/D. Hilbert: Methoden der mathematischen Physik I.
    3. Auflage. DM 16,80
31. R. Courant/D. Hilbert: Methoden der mathematischen Physik II.
    2. Auflage. DM 16,80
33. K. H. Hellwege: Einführung in die Festkörperphysik I. DM 9,80
34. K. H. Hellwege: Einführung in die Festkörperphysik II. DM 12,80
36. H. Grauert/W. Fischer: Differential- und Integralrechnung II. DM 12,80
37. V. Aschoff: Einführung in die Nachrichtenübertragungstechnik. DM 11,80

38 R. Henn/H. P. Künzi: Einführung in die Unternehmensforschung I. DM 10,80
39 R. Henn/H. P. Künzi: Einführung in die Unternehmensforschung II. DM 12,80
43 H. Grauert/I. Lieb: Differential- und Integralrechnung III. DM 12,80
44 J. H. Wilkinson: Rundungsfehler. DM 14,80
49 Selecta Mathematica I. Verf. und hrsg. von K. Jacobs. DM 10,80
50 H. Rademacher/O. Toeplitz: Von Zahlen und Figuren. DM 8,80
51 E. B. Dynkin/A. A. Juschkewitsch: Sätze und Aufgaben über Markoffsche Prozesse. DM 14,80
52 H. M. Rauen: Chemie für Mediziner — Übungsfragen. DM 7,80
53 H. M. Rauen: Biochemie — Übungsfragen. DM 9,80
55 H. N. Christensen: Elektrolytstoffwechsel. DM 12,80
56 M. J. Beckmann/H. P. Künzi: Mathematik für Ökonomen I. DM 12,80
59/60 C. Streffer: Strahlen-Biochemie. DM 14,80
63 Z. G. Szabó: Anorganische Chemie. DM 14,80
64 F. Rehbock: Darstellende Geometrie. 3. Auflage. DM 12,80
65 H. Schubert: Kategorien I. DM 12,80
66 H. Schubert: Kategorien II. DM 10,80
67 Selecta Mathematica II. Hrsg. von K. Jacobs. DM 12,80
71 O. Madelung: Grundlagen der Halbleiterphysik. DM 12,80
72 M. Becke-Goehring/H. Hoffmann: Komplexchemie. DM 18,80
73 G. Pólya/G. Szegö: Aufgaben und Lehrsätze aus der Analysis I. DM 12,80
74 G. Pólya/G. Szegö: Aufgaben und Lehrsätze aus der Analysis II. 4. Auflage. DM 14,80
75 Technologie der Zukunft. Hrsg. von R. Jungk. DM 15,80
78 A. Heertje: Grundbegriffe der Volkswirtschaftslehre. DM 10,80
79 E. A. Kabat: Einführung in die Immunchemie und Immunologie. DM 18,80
81 K. Steinbuch: Automat und Mensch. 4. Auflage. DM 16,80
85 W. Hahn: Elektronik-Praktikum. DM 10,80
86 Selecta Mathematica III. Hrsg. von K. Jacobs. DM 12,80
87 H. Hermes: Aufzählbarkeit, Entscheidbarkeit, Berechenbarkeit. 2. Auflage. DM 14,80
92 J. Schumann: Grundzüge der mikroökonomischen Theorie. DM 14,80
93 O. Komarnicki: Programmiermethodik. DM 14,80

Aus den übrigen Fachgebieten — Eine Auswahl
32 F. W. Ahnefeld: Sekunden entscheiden — Lebensrettende Sofortmaßnahmen. DM 6,80
41 G. Martz: Die hormonale Therapie maligner Tumoren. DM 8,80
42 W. Fuhrmann/F. Vogel: Genetische Familienberatung. DM 8,80
47 C. N. Barnard/V. Schrire: Die Chirurgie der häufigen angeborenen Herzmißbildungen. DM 12,80
61 Herzinfarkt. Hrsg. von W. Hort. DM 9,80
82 R. Süss/V. Kinzel/J. D. Scribner: Krebs. DM 12,80

MIX
Papier aus verantwortungsvollen Quellen
Paper from responsible sources
FSC® C105338

If you have any concerns about our products,
you can contact us on
ProductSafety@springernature.com

In case Publisher is established outside the EU,
the EU authorized representative is:
**Springer Nature Customer Service Center GmbH
Europaplatz 3, 69115 Heidelberg, Germany**

Printed by Libri Plureos GmbH
in Hamburg, Germany